保持原來的樣子就很好了

每一種生物，都有屬於自己的奇妙與強大。
找到適合的環境、發揮優勢的能力，
好好做自己就行！

稻垣榮洋——著
楊詠婷——譯
陳俊堯——審訂

專業審訂、推薦

陳俊堯 慈濟大學生物醫學暨工程學系助理教授、科普作家

各界推薦 （按姓名筆劃排序）

李貞慧 譯者、閱讀推廣人
邱明成 蘭雅國中自然科教師、師鐸獎得主
蔡任圃 北一女中生物科教師、師鐸獎得主
盧俊良 岳明國中小自然科教師、「阿魯米玩科學」粉專版主
鐘　穎 心理學作家、「愛智者書窩」版主

- 書中解答了許多的「為什麼」，每種生物的特徵都是經由環境與基因的影響所演化而來，而存在本身就是一種價值。從生物多樣性聯想到人類的發展，一切本來就充滿著各種差異，對教師而言，每個學生的能力、志向不同，又何必把所有人放在同一個標準衡量；對學生來說，適應與尋求最佳解，就是能從生物身上學到的受用啟示。這本好書值得推薦！

——蘭雅國中自然科教師、師鐸獎得主 **邱明成**

- 好有趣的一本書，在許多人眼中不體面、遲鈍、不起眼、麻煩的生物，原來也有那麼多內心戲啊！作者描述這些生物們不受限於天生的劣勢，轉而善用自身的優勢努力活下去，讓人心有戚戚焉。面對挫折與挑戰，與其做個自怨自艾的躺平族，不如師法生物們活出自我的韌性，讓人生充滿希望與動力。

——岳明國中小自然科教師、「阿魯米玩科學」粉專版主 **盧俊良**

- 蝸牛在我眼中是「藝術」，但人類總取笑牠們「遲鈍」或「無趣」，甚至質疑「為什麼神要創造這種無趣的生物」。作者說，認為蝸牛無趣的人類才最無趣，這一點與我所見略同。世界上每種生物的特質，都是為了生存而演化出來的武器，只有人類會帶著偏見去歧視牠們。蝸牛不在乎人類怎麼想，但我想反問：「為什麼神要創造人類這種四處破壞地球，自私、貪婪又無趣的生物呢？」

——日本美術家 **橫尾忠則**

推薦序

保持原來的樣子就很好了

慈濟大學醫工系助理教授、科普作家　陳俊堯

稻垣榮洋老師寫了好多本書，讀他的作品一直是件讓人很開心的事。老師在這本書的前言，就提到他所任職的靜岡大學，是以蝸牛做為象徵物。蝸牛不帥、動作又慢，學校選了牠來當象徵，是想向學生傳達些什麼呢？

這本書選了不一樣的題材，帶大家來認識那些「不體面」、「遲鈍」、「不起眼」和「麻煩」的生物。蛞蝓、蚯蚓、糞金龜、樹懶、河馬、地瓜、雜草……這些都不是會讓人佩服景仰，甚至還常被拿來嘲諷的物種。以前你沒有愛上它們，其實是因為你不知道它們帥氣的那一面，書中介紹了這些生物鮮為人知的帥氣事蹟，原

來它們可都是低調的生活高手呢！

我很喜歡書裡說的——

「這個世上根本不存在無趣的生物。會有生物被認為無趣，只是因為覺得無趣的人類自己很無趣。」

這些生物歷經了幾千萬年才演化出這些構造、行為，如果看得懂它們各自用了什麼妙招活在地球上，你會讚嘆它們的成就，搞不好還能偷學幾招當靈感擺進工作裡，或是收起來做為自己人生哲學的參考。

生物都是在自己所處的環境中克服困難，找出求生之道，所以都具備最適合在這個環境發揮的技能。如果硬要被放在錯誤的環境，當然會很辛苦，這不正是同為生物的我們，每天努力在面對的問題？

在帶著大家了解這些生物隱藏的專長和技能之後，稻垣老師說——保持原來的樣子就很好了。沒有理所當然要怎麼做，沒有一定要用別人那種帥氣的方法活，保持原來的樣子就很好了。

學習生物學，可以認識各種不同的生物，這些生物各自以不同形態、不同方法努力活著，只要活著就是贏家。想到這裡，覺得能活著閱讀稻垣老師講述這些平常看不到的有趣生物故事，真的是太美好了。

第1章

「不體面」的生物

contents

第2章 「遲鈍」的生物

第3章 「不起眼」的生物

contents

第4章

「麻煩」的生物

contents

第5章

果然，還是保持原來的樣子就很好了

第6章

你也一樣，保持原來的樣子就很好了

contents

前言

無趣的蝸牛，其實很了不起？

稻垣榮洋

世上有很多被大家認為無趣的生物。

「無趣」，意味著「不值一提」和「缺乏吸引力」。

蝸牛就是其中一個例子。

蝸牛的行動非常遲緩，外表看起來也不帥氣。

真的是很無趣的生物。

雖說如此，但我所任職的靜岡大學，卻以蝸牛做為象徵物。

明明還有其他許多更強悍、更帥氣的生物，為什麼偏偏是蝸牛呢？

據說，選擇蝸牛是為了要表達學問並非一蹴可幾，而是必須腳踏實地，一步步穩練前進才能獲得的事物。而且，每當蝸牛走過，都會留下閃閃發光的痕跡，這也代表著前人為後進開創道路的意義。

就算是蝸牛這樣無趣、平淡的生物，只要換個角度看待，也能做出不同凡響的詮釋。放眼古今東西，確實也出現過將蝸牛的特性比喻成優點的名言。

例如，以調查蝸牛在全日本的別名而著稱，被譽為日本民俗學之父的柳田國男教授，也曾經用蝸牛來比喻學問。

「不探出角就看不見前路，自然無法前進而繁盛發展。所以人應該伸出觸角、展望未來，學問也是一樣。」

他認為永遠專注於前方、踏實邁進的蝸牛，是值得敬佩的生物。

此外，推行非暴力「不合作運動」，讓印度得以獨立的聖雄甘地，也曾經留下「善總是以蝸牛之速前行」的名言。

凡事不是快速就好，所以說蝸牛「無趣」，根本毫無道理。

仔細想想，就會發現蝸牛是很了不起的生物。

蝸牛和棲息在海裡的貝類是近親，牠們是從海洋貝類演化而來的陸生動物。

綜觀脊椎動物的演化史，棲息在海中的魚類演化成兩棲類，到最後成功登陸，整個過程可以說是波瀾壯闊。原本生活在水中的脊椎動物，要遷移到陸地上並不容易，這當中有許多課題必須克服。

首先，水中有浮力，但在陸地上就得承受自身全部的體重，如果是脊椎動物，就需要演化出強韌的骨骼。

其次是陸地上的移動手段。浮在水中時，只需要一點力量就可以推進；登上陸地後只能靠自己的力量移動，就脊椎動物而言，就需要將鰭演化成腳。

此外，為了登上陸地，也必須演化出能替代鰓呼吸的全新構造。以脊椎動物來說，就是將在水中浮游時使用的魚鰾演化成肺，進而解決了呼吸方法的問題。克服這個難關之後，脊椎動物才得以成功登陸。

對脊椎動物來說，登上陸地一點都不簡單。

然而，蝸牛明明是貝類的近親，卻理所當然似的來到陸地上生活。

我們脊椎動物為了要登上陸地，必須先大費周章地將「鰓呼吸」轉換成「肺呼吸」，蝸牛卻輕而易舉就獲得了肺呼吸。

蝸牛到底是如何演化過來的，至今一直是個謎。

牠們實現了人類知識無法理解的演化。

蝸牛的演化，是有如奇蹟般的驚人成果。

現在，我們已經明白蝸牛有多麼了不起，但在這個世界上，乍看之下十分「無趣」的生物還有很多。

這些無趣的生物，是否也有哪些了不起的地方呢？

或者，無趣的生物終究還是很無趣？

接下來，本書就將為大家徹底、仔細地介紹這些「無趣」的生物。

第1章

「不體面」的生物

蛞蝓

捨棄累贅的殼，也獲得更多自由

〈前言〉中所介紹的蝸牛，經常會被畫成Q版插圖，或是設計成可愛的娃娃。雖然我用「無趣」來形容牠，但再怎麼說，蝸牛還是受到很多人喜愛。

相比之下，蛞蝓才是萬人嫌。

幾乎沒有人會為蛞蝓畫Q版插圖，或把牠做成娃娃。不只如此，牠還有著悲慘的宿命，每個人一見到蛞蝓，都會撒鹽要讓牠活不下去[1]。

蛞蝓，真是無趣至極的生物啊！

為什麼神要創造蛞蝓這種無趣的生物呢？

明明蛞蝓和蝸牛的差別，只在於一個有殼、一個無殼而已，為什麼就要這樣被嫌棄？

真要說起來，有殼的蝸牛和無殼的蛞蝓，哪一個才是更新的演化形態呢？

我們脊椎動物的體內有堅硬的骨骼，而昆蟲或螃蟹之類的生物則是在體表覆蓋著堅硬的外殼。

貝類是軀體柔軟的軟體動物，因此需要貝殼保護身體。但是，有一些軟體動物卻在演化的過程中捨棄了外殼。

例如，恐龍時代[2]生活在海洋中的軟體動物菊石，牠是烏賊和章魚的近親，而

1 蛞蝓被撒鹽時，體內的水分會大量滲出，導致身體脫水，變得乾枯、縮小而致死，所以從前的人們會用這個方式來消滅蛞蝓。

2 地球的地質時代依照地層中出現化石的不同，區分為古生代、中生代及新生代。古生代為五億四千二百萬年～二億五千一百萬年前；中生代為二億五千一百萬～六千六百萬年前；新生代為六千六百萬年前至今。恐龍是中生代時期主宰地球的生物，所以中生代又稱為「恐龍時代」，菊石則是此時海洋中數量最多的物種。

且有螺旋狀的貝殼可以保護身體。然而，烏賊和章魚卻在演化過程中捨棄了外殼，讓自己能自由自在地快速游動，或是藏身在礁石的陰影處。

烏賊和章魚藉由捨棄外殼，完成了自己的演化。

一般來說，失去外殼會被視為「退化」，但退化也是一種演化。

比方說，當人類自猿猴演化過來，尾巴就退化了。

捨棄不需要的東西，也是一種演化。

那麼，蛞蝓的狀況又如何呢？

蛞蝓同樣也捨棄了外殼。換言之，無殼的蛞蝓是比蝸牛更新的演化形態。

然而，對蝸牛來說，殼是藏身用的保命利器，那蛞蝓為何會丟掉自己的殼呢？

蝸牛用來藏身的殼很大，必須花費相當的能量才可以製造出來。此外，製造蝸牛殼還需要有碳酸鈣。

據說，蝸牛的祖先原本是棲息在海中的捲貝，而海中有著豐富的碳酸鈣；但在陸地上，要取得碳酸鈣就沒那麼簡單了。每當下雨過後，常會看到蝸牛聚集在水泥磚牆旁，牠們就是在啃食水泥磚以攝取碳酸鈣。

想要擁有自己的殼，不是一件容易的事。反觀蛞蝓因為捨棄了殼，原本要拿來製造殼的能量，就能用於快速成長。沒有了殼這個累贅，再狹小的地方也能自由進出，牠們就可以躲進隱密處保護自己。

四處暢通無阻的蛞蝓，只要一有小縫隙就會鑽進人類的住家，或許這就是牠們被討厭的原因吧！

由於牠們不必攝取碳酸鈣，所以也無須挑選食物，在任何地方都能存活。

藉由捨棄外殼，蛞蝓獲得了自由。

若是如此，有件事就讓人好奇了。

如果捨棄外殼的優點有那麼多，為什麼其他蝸牛不跟著丟掉自己的殼呢？

這是因為殼雖然累贅，同時也很方便。

比方說，殼能幫助蝸牛抵禦捕食者的攻擊，不必在狹小的地方躲躲藏藏，可以大方地在廣闊的空間行動。殼也能防止乾燥，相較於無殼的蛞蝓只能棲息在潮濕處，蝸牛更有可能在乾燥的場所生活。

與蝸牛相比，蛞蝓是更新的演化形態。

但是，蝸牛有蝸牛的強項，蛞蝓有蛞蝓的優勢。正因為如此，蝸牛與蛞蝓才會同時存在於自然界。

所以啊，不管是有殼的蝸牛、還是無殼的蛞蝓，保持原來的樣子就很好了。

蛇

削除多餘，換來了強烈的存在感

蛇很討人厭。

怕蛇的人也很多。

據說，人類對蛇的恐懼是與生俱來的本能，真是這樣嗎？

總而言之，明明就沒手沒腳，但緩慢蠕動、爬行著的蛇，在人類看來確實是詭異又恐怖。

蛇果然很討人厭。

為什麼神要創造蛇這種討人厭的生物呢？

蛇類的祖先，與之後會提到的龜類祖先，都是在恐龍時代末期的地層被發現。也就是說，蛇類與龜類一樣，都熬過了讓恐龍滅絕的地球環境變化。恐龍時代的蛇類祖先化石是有後腳的，後來腳部退化，才演變成現今沒手沒腳的模樣。

在日文中，會用「手も足も出ない」（出不了手也伸不了腳）」來形容「一籌莫展、毫無辦法」，蛇還真是出不了手也伸不了腳啊。

那麼，沒手沒腳的蛇是怎麼前進的呢？

蛇是靠著扭動、收縮身體而蜿蜒前進，也就是所謂的「蛇行」。

蛇類的腹部有突起的鱗甲，形狀類似滑雪板，能把長邊卡在地上產生抓地力，然後牠們再藉著縮放肌肉和地面摩擦力推動身體前進。透過這樣的反覆動作，就能以S形的姿勢蜿蜒蛇行。

要這樣移動身體，必須有熟練而高明的技巧。

我們每次看見蛇，牠們都會以驚人的速度逃進草叢裡，就是這一套複雜動作高速運行下產生的結果。

說實話，與其學成這麼複雜的動作，還不如像蜥蜴那樣用四隻腳移動更簡單。為什麼蛇會沒手沒腳呢？

蛇類為何沒有手腳，目前還找不到明確的原因。據推測有可能是牠們過去生活在地下，為了方便在洞穴中移動，所以手腳就退化了。

無論如何，蛇都不是沒有手腳，而是手腳被牠們視為障礙，所以直接捨棄了。靠著獨特的方式，蛇完成了最新形態的演化。

人類常把掉在路上的繩子誤認成蛇，因而受到驚嚇，蛇幾乎已經成為細長物體的象徵。牠的身形削除了多餘的部分，呈現出最簡潔、洗練的流線型設計。

人類本能地害怕蛇，就連不知蛇為何物的小嬰兒也會感到恐懼。即使沒手沒腳，蛇依然可以爬樹。當人類還是古猿類時，能夠爬到樹上的天敵只有蛇，因此也有一說認為這是人類怕蛇的理由。蛇用失去手腳的代價，換來了強烈的存在感。

所以啊，沒手沒腳的蛇，保持原來的樣子就很好了。

信天翁

別只看一小部分，就片面地貼上標籤

信天翁的日文是「アホウドリ」，也就是「阿呆鳥」[3]。

在日文中，「アホウ」（阿呆；讀音為ahou）是指「愚笨」的意思。日本的關西地區[4]常使用「阿呆」一詞，人們往往會隨口說出「真是阿呆耶！」，甚至把它當成修飾語，例如「厲害到好阿呆」。他們平時很少用「バカ」（笨蛋；讀音為baka）這個說法，一旦用了，就是認真帶著侮辱的意味。

另一方面，關東地區則更常使用「笨蛋」（バカ）一詞。關東人會輕鬆地說出「真像個笨蛋」，甚至會用「強得跟笨蛋一樣」來做為稱讚。他們反而不太說「阿呆」，只有真的想侮辱人時才會這麼說。

那「阿呆鳥」（信天翁）又是如何呢？

其實，信天翁在日本還有個別名是「バカドリ」（笨蛋鳥），但不管哪一種叫法，都帶著輕視、嘲弄的意味。為什麼日本人會給信天翁取這種名字呢？

為什麼神要創造信天翁這種被人取笑的生物呢？

高爾夫球這項運動，是要將小白球打進稱為「洞杯」的球洞裡，使用的桿數越低，成績就越好。而每個球洞都有一項「標準桿」（Par）的桿數做為評比依據。

比方說，標準桿四桿的球洞稱為「4桿洞」（Par 4），如果四桿進洞就叫做「平

3 在日文中，アホウ是「阿呆」的意思，ドリ則是「鳥」，讀音則為 ahoudori。

4 關西是指日本本州中西部地區，包括京都府、大阪府、奈良縣、和歌山縣等地；關東則是本州中部偏東瀕臨太平洋的地區，以東京都為中心，再加上周圍的茨城縣、埼玉縣、千葉縣、神奈川縣等構成。

標準桿」（Par）。

球進洞時如果比標準桿少一桿，則叫做「Birdie」（博蒂），也就是「小鳥」的意思。

雖然較少見，但偶爾也會出現低於標準桿兩桿的狀況，這樣稱為「Eagle」（伊格），也就是「老鷹」。老鷹是比小鳥還大的飛禽，能飛得更久、更遠。

另一種更稀有的情形，則是比標準桿少三桿。

4桿洞屬於中距離洞，一般需要兩桿才能將球打上洞杯所在的果嶺（green），不可能開球就直接進洞。

若是長距離的5桿洞，通常是三桿上果嶺。像這樣的長洞，如果盡可能把球打遠，就有機會挑戰兩桿上果嶺，要是第二桿直接進洞，就能比標準桿少三桿。

這幾乎是不可能的任務，即使是職業高爾夫球選手，都難得有這種經驗。

3桿洞屬於短洞，若直接開球進洞，則稱為「一桿進洞」（hole in one）。不過，一桿進洞只比標準桿少兩桿，相較之下，要低於標準桿三桿實在很困難。最重要的是，想打出低於標準桿三桿的成績，就得把球打到相當遠的距離。這種奇蹟般的結果，會用哪一種鳥類來命名呢？

比標準桿少兩桿的狀況，用的是比小鳥更優秀的老鷹。

那麼，比標準桿少三桿這種更難打出的成績，應該會用更厲害的鳥類來命名才對吧。

如果是大家，會用什麼鳥命名呢？

其實，比標準桿少三桿的狀況叫做「Albatross」。

令人驚訝的是，Albatross 就是信天翁，也就是「阿呆鳥」的意思。

高爾夫球運動中難度極高的優秀表現，居然用了「阿呆鳥」來命名。

為什麼「阿呆鳥」會被視為比老鷹更厲害的鳥類，因而雀屏中選呢？

事實上，信天翁有著極為優異的飛行能力。牠們擅於判斷及利用風向，順勢展開巨大的翅膀，如同滑翔翼般巧妙地乘風而起，再藉由風力飛出很遠的距離。

這樣的遠距飛行能力，讓信天翁勝過老鷹，成為至難成績的代名詞。牠們可以一口氣飛一萬公里以上，完全不用休息，非常強悍。

不過，有件事就令人好奇了。

既然信天翁這麼厲害，為什麼會被叫做「阿呆鳥」呢？

其實，牠們也有自己的缺陷。

信天翁擁有高超的飛行能力，為了提升這項性能，牠們甚至將身體演化成流線型。然而，這卻導致信天翁除了擅長飛行之外，變得一無是處。

牠們是飛行高手，卻無法順利降落，每次落地都像墜機現場；落到地面後，行走的方式更是笨拙。因此，牠們連逃跑都沒辦法，輕易就會被人類抓住，於是獲得了「阿呆鳥」的稱呼。

要是人類見過信天翁在空中完美的飛翔姿態，一定不會給牠們取這種名字吧！人類這種生物啊，只看到一小部分就片面地給人家貼標籤，完全不明白那種生物實際上有多奇妙、多強大。把信天翁取名為「阿呆鳥」的人，絕對不了解牠們的本質。

所以啊，不管信天翁被人類叫做什麼名字，保持原來的樣子就很好了。

豬

豬很胖又很髒？這完全是謊言

沒有人喜歡被說成是「豬」。

「豬」一直被用來罵人。豬很髒！豬很胖！要是被罵「你這個豬頭」，一定會感受到前所未有的屈辱。

說得極端一點，光是把對方叫成「豬」，就已經是嚴重的謾罵了。

但豬本身，就只能是豬。

為什麼神要創造豬這種被人瞧不起的生物呢？

豬很胖？這完全是謊言。

豬的體脂率只有十五％，大約和精瘦的成年男性相同。以人類來說，女性的體脂率會高於男性，大約在二十～三十％，而豬的體脂率比纖細的女性模特兒還要低得多，甚至低於狗和貓。

豬體內的肌肉要比我們想像中更為發達，據說牠們能以四十公里的時速奔跑，等於跑一百公尺只需要九秒，超越了人類一百公尺短跑的世界紀錄。

說豬很胖，完全不合情理。

說人是「豬頭」，等於是說對方「跟豬一樣瘦」。

此外，豬也是出了名的愛乾淨。

牠們絕不會將排泄區、進食區和睡眠區混在一起。一旦決定好在哪裡上廁所，就只會去那裡排泄，絕對不會弄髒吃飯和睡覺的地方。

如果養豬場顯得骯髒不堪，那一定不是豬的問題，而是人類的錯。

不只如此，豬也是非常聰明的動物。根據研究，豬的大腦十分發達，有著相當於三歲人類孩童的智商，這樣的程度要高於狗或海豚，和黑猩猩差不多，所以真的很厲害。

豬是多麼了不起的生物啊！看似肥胖的外表，讓牠們成為財富的象徵，在世界各地都被視為帶來幸運的動物。

大家回想一下便知道了，存錢筒就是被設計成豬的模樣，用來累積財富。

說人是「豬」，無非是一種讚美。

所以啊，一直被污衊的豬，保持原來的樣子就很好了。

蚯蚓

地球的耕種者，生態系的工程師

蚯蚓讓人感覺很不舒服。

沒手沒腳，也分不清哪裡是頭，只會一直蜿蜒蠕動。

日本有一首童謠叫做《把太陽捧在手心》（手のひらを太陽に），其中就有句歌詞是這樣的——

蚯蚓也好，螻蛄也好，水蜘蛛也好，
大家都在努力活著，大家都是好朋友。

蚯蚓也和我們一樣，都是存在的生命。

但如果仔細思考，會發現「蚯蚓也好」這句歌詞，本身就有歧視蚯蚓的意味。

為什麼神要創造蚯蚓這種軟趴趴的古怪生物呢？

提出「演化論」的著名生物學家查爾斯・達爾文（Charles Darwin），花了四十年研究蚯蚓，最後得出這個結論——

「蚯蚓在世界的歷史中，扮演著比人類所知更為重要的角色。」

蚯蚓吃土裡的有機物，再將其變成糞便排泄出來，透過這個動作，有機物得以分解。

在生態系中，植物是草食生物的食物，草食生物是肉食動物的食物。

例如，在非洲的稀樹草原（savanna）上，斑馬吃草，獅子吃斑馬；在我們身邊，蝗蟲吃草，螳螂吃蝗蟲，螳螂或許會被蜘蛛或鳥類吃掉。透過吃與被吃的關係，組成了生態系。

但是，無論斑馬或獅子、蝗蟲或螳螂終究都會死去，植物最後也會枯萎，生物本身就是由有機物構成。動物的屍體會被各種生物分解成有機物，而接著分解這些有機物的就是蚯蚓。

隨著蚯蚓分解了有機物，土壤變得更加肥沃。

不，這麼說不對。土壤有別於石頭或沙子，既溫暖又濕潤，其實它是由生物體分解出來的有機物所構成的。

也就是說，蚯蚓的作用促進了土壤的形成。

蚯蚓促進土壤的形成、讓它變得肥沃，植物才能生長發育，成為草食生物的食物，串連起吃與被吃的食物鏈。

沒有了蚯蚓，這樣的循環就不復存在。所有生物都要仰賴蚯蚓才能彼此相連、生生不息，而維持著生態系循環的蚯蚓，也因此被稱為「生態系的工程師」。

大家知道蚯蚓的英文要怎麼說嗎？

蚯蚓的英文是「earthworm」，直譯過來就是「地球之蟲」，代表蚯蚓是地球的耕種者。

所以啊，只會蜿蜒蠕動的蚯蚓，保持原來的樣子就很好了。

毛毛蟲

好好吃飯和長大，就是我的職責

我討厭毛毛蟲。

那種軟Q的感覺讓人很不舒服，而且牠們還不懂得逃跑，好好在路上走著，有時候都會不小心踩到牠們。

世上為什麼會有毛毛蟲這種東西呢？

毛毛蟲是蝴蝶或蛾的幼蟲，蝴蝶很美，毛毛蟲卻很醜。既然是蝴蝶的孩子，為什麼不能長成小小蝴蝶，變得更漂亮一點呢？

為什麼神要創造毛毛蟲這種醜陋的生物呢？

昆蟲的特徵是六足、有翅，所以八隻腳又沒有翅膀的蜘蛛，不被歸類為昆蟲。但是，毛毛蟲也沒有翅膀，還有很多隻腳。

實際上，毛毛蟲只有六隻腳，剩下的是被稱為「腹足」的器官。先不管這種器官怎麼稱呼，毛毛蟲既然會用腹足走路、抓取樹枝，看起來這無非就是腳。

毛毛蟲雖然是蝴蝶或蛾的幼蟲，但比起在空中優雅飛舞的蝴蝶或蛾，只會在地面爬行的毛毛蟲，外表的樣子實在是天差地別。

就像毛毛蟲和蝴蝶一樣，許多昆蟲的成蟲和幼蟲，在外表上都截然不同。為什麼明明是同一種生物，模樣卻大有差異呢？

這是因為昆蟲的成蟲和幼蟲，兩者的職責有著明確的劃分。

昆蟲的成蟲會靠著翅膀移動，去尋訪新的場所，擴展自身的分布範圍。藉由翅膀飛行，還能增加與其他個體相遇的機會，讓公蟲和母蟲繁衍留下子孫。

相對於此，毛毛蟲這些幼蟲既不能飛、更跑不快，因為牠們不需要增加相遇的機會。

那麼，幼蟲的職責是什麼呢？

拿毛毛蟲來說好了，牠們看起來只是整天都在吃樹葉，哪有什麼職責，事實卻並非如此。

昆蟲的幼蟲所擔負的工作，就是順利長為成蟲。

一般生物都具有成長的能力，就算什麼都不做，也會自然長大。然而，昆蟲一旦長為成蟲，身體因為受限於堅硬的外殼，就再也無法長大了。有能力成長的，只有幼蟲時期。

因此，幼蟲吃下的所有食物，都是為了打造出成蟲的身體。

幼蟲吃下越多食物，就能長成越大的成蟲；要是食物不足，就無法順利生長。

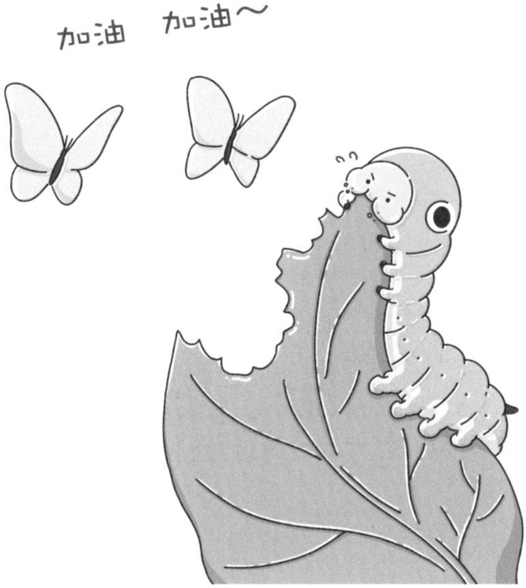

所以，毛毛蟲才會每天都在吃吃吃、不停地吃。對昆蟲來說，幼蟲時期是非常重要的階段。

之後，毛毛蟲會變成蛹。蛹幾乎不會動彈、也不攝取食物，從外表看來像是完全停止生長，但在蛹的內部，正發生著從幼蟲到成蟲的巨大變化。

對蝴蝶來說，無論是毛毛蟲或蛹的時期，都是不可或缺的重要歷程。

而毛毛蟲、蛹、蝴蝶，三者是完全不同的存在。

毛毛蟲有毛毛蟲的職責，蛹也有蛹的功能。

沒有必要急著變成蝴蝶。重要的是，在毛毛蟲時期，就努力做一隻毛毛蟲；在蛹的時期，就好好度過蛹的階段。

對昆蟲來說，幼蟲和成蟲是截然不同的存在。

大人不是變大的孩子，孩子也不是變小的大人。

所以啊，就算毛毛蟲長得和蝴蝶不一樣，保持原來的樣子就很好了。

第 2 章

「遲鈍」的生物

西瓜蟲（鼠婦）

緊急時捲成一團，除了防敵還能保水

對日本的小朋友來說，西瓜蟲[1]是很熟悉的昆蟲。

小朋友只要用手一戳，西瓜蟲就會受到驚擾而捲成一團，也因此又被叫做「團子蟲」或「皮球蟲」。

西瓜蟲會捲成完美的球狀，被推一下就往前滾。那圓圓的身體，連很小的孩子都能輕易抓起來，成了小朋友的絕佳玩具。

於是，等待著牠們的命運就是被抓起來、聚集在一起，然後滾來滾去。

為什麼神要創造西瓜蟲這種不起眼的生物呢？

很久很久以前，大概是比恐龍時代更古早的時候。

在五億多年前的古生代地球，多種多樣的生物完成了飛躍性的演化，物種數量呈現爆炸式增長，這樣的現象被稱為「寒武紀大爆發」。

但是，後來卻出了狀況。

眾多在這個時代興盛繁衍的生物，全都在古生代末期突然消失無蹤，這就是發生在二疊紀末期（約二億五千一百萬年前）的生物大滅絕。

這場大滅絕超越了恐龍在白堊紀末期的滅絕規模，地球上幾乎有九十％的生物都死亡了。

當時到底發生了什麼事？

1 西瓜蟲的日文為ダンゴムシ（団子虫；讀音為 dangomushi ），這是在日本很常見的昆蟲，小朋友會在公園等地把牠們捕捉回家飼養，以進行生態觀察。

這場二疊紀末期的生物大滅絕，成因至今依然成謎。

有一種說法是發生了大規模的火山爆發，也有人認為和導致恐龍滅絕的理由一樣，是小行星撞擊地球。

在古生代海洋中，繁衍最多的生物是三葉蟲，遺憾的是，牠們也在這次的大滅絕中消失了。

然而，三葉蟲的生命卻仍舊在我們身邊存續著——那就是西瓜蟲。

據說西瓜蟲是從三葉蟲的近親演化而來。這樣一想，西瓜蟲確實和三葉蟲十分相似。牠們熬過了大多數生物都死去的二疊紀大滅絕，以及讓恐龍絕跡的白堊紀大滅絕，在無盡的地球歷史中存活了下來。

西瓜蟲在演化上其實是更新型的蟲。畢竟，牠們的祖先三葉蟲還在海中生活，而西瓜蟲已經成功登上了陸地。西瓜蟲和三葉蟲都是甲殼類，也就是螃蟹和蝦子的近親。螃蟹或蝦子等甲殼類，如今絕大多數仍棲息在水裡或水邊；甲殼類之中，只有西瓜蟲最適應陸地上的生活。

我們人類也是在魚類祖先一路演化出兩棲類、爬蟲類到哺乳類之後才出現的。從魚類演化為兩棲類時，為了適應陸上生活，還是先從海洋到河川、河川到濕地，最後才成功登陸。也因此，我們才會在淡水的環境裡看見蛙類或山椒魚等兩棲類。

此外，昆蟲也是從棲息於淡水濕地的節肢動物在登陸時演化而來的。這也是為什麼地球上明明繁衍了好多昆蟲，卻幾乎找不到生活在海水中的昆蟲。

無論是脊椎動物或昆蟲，都是先努力適應河川或濕地等淡水環境，再逐漸移往更淺的地方，最後成功登陸。從海洋順利登上陸地，這個過程可是一點也不簡單。

然而，西瓜蟲似乎就是從海洋中直接成功登陸的。西瓜蟲的近親有海蟑螂和糙瓷鼠婦，海蟑螂棲息在海洋與陸地交會的海岸邊，糙瓷鼠婦雖然生活在陸地上，卻喜好潮濕的地方。據說，西瓜蟲就是從海蟑螂的近親，演化成糙瓷鼠婦的近親，最

後適應了乾燥地帶，而完成現今的演化。

西瓜蟲會捲起身體，不只是為了抵抗外敵，更具有避免乾燥的功能。牠們背上堅硬的外殼，也能有效防止水分蒸發。

西瓜蟲是歷經了五億年演化所產生的最新形態。

所以啊，總是把自己捲成一團的西瓜蟲，保持原來的樣子就很好了。

樹懶

「懶」與「慢」是低耗能的生存戰略

在日本，樹懶被叫做「ナマケモノ」（讀音為 namakemono），直譯的意思是「懶惰的傢伙」。

這不是暱稱，而是正式的名字，因為牠看來怠惰又不勤奮，所以才這麼取名。

樹懶幾乎動也不動，一整天都在睡覺；即使動了，動作也是慢吞吞。覓食的時候，樹懶也是一臉麻煩似的緩緩挪動，慢吞吞地嚼著食物。真是懶惰的傢伙啊。

為什麼神要創造樹懶這種愚鈍的生物呢？

說到底，為什麼動作一定要敏捷呢？

敏捷的動作，只會白白浪費能量而已。

例如動作靈活的老鼠，為了確保充足的能量，就得不斷地尋找食物。

反觀樹懶又是如何呢？

牠們幾乎沒有消耗能量，只需要少許食物即可。

樹懶的主食是植物的葉子，葉子的營養很少，若只想藉此獲得養分，就必須大量攝取。草原上的野牛或野馬之所以吃大量的草，就是因為牠們是草食動物，只能靠吃草來確保能量。

然而，樹懶只需少少的能量就能存活，所以也只要吃一點點葉子就好，每次大約吃幾公克，進食的次數也很少，攝取量只有野牛的千分之一左右。

真是相當節省能量的生存方式。

還不只是如此。

我們人類的體溫大約是攝氏三十六度，無論天氣炎熱或寒冷時都很相近，要維持這樣的體溫，也必須消耗能量。但樹懶不一樣，牠們無需刻意維持體溫，所以就不會浪費能量。

不過，動物要快速移動，也是為了躲避肉食動物這個天敵，如果跑不快，很可能就會被捕獲。實際上，在樹懶生活的中美與南美，還有美洲獅和美洲豹等猛獸棲息著，樹懶的安危不會有問題嗎？

只要感知到肉食動物的動作，動物們就會四散奔逃，因此肉食動物的目光會對正在活動的物體有所反應，從而追捕逃跑中的動物。

然而，樹懶卻幾乎動也不動。

因此，用目光搜尋著活體動作的肉食動物，根本看不到樹林中靜止的樹懶。

由於樹懶鮮少動彈，身體上甚至長了綠色的苔蘚。這些苔蘚成了絕佳的偽裝，讓牠們更難被發現，真的很厲害。這就是樹懶保護自己的方式。

大約在一萬年前，有一種叫做「大地懶」的巨型樹懶統治著地球。這種大樹懶全長六～八公尺，體重有三噸，因此身形十分巨大，可以說是最強的哺乳類。當然，大地懶一點也不懶，牠們想必充滿活力，而且為了維持巨大的體型，總是攝取很多食物，遇上敵襲也會勇敢迎戰吧！

只是，這種無敵強大的巨型樹懶卻滅絕了，反倒是動作緩慢的樹懶存活下來。活下來的生物才是演化的勝利者，從這個角度來說，是遲鈍的樹懶贏了。

樹懶緩慢的動作，是牠取得最後勝利的生存戰略。如果樹懶動作敏捷，說不定早就滅絕了。

慢吞吞的樹懶，是很厲害的生物。

所以啊，時常在睡覺的樹懶，保持原來的樣子就很好了。

懶猴

凡事不是求快就好，速度的競爭也並非一切

懶猴的主食，是動個不停的昆蟲。

以昆蟲為食的動物都很辛苦，牠們要用很快的速度，才能捕捉到靈活的昆蟲。但是，昆蟲也不想被吃掉，所以又持續演化而變得更敏捷，想捕捉到這樣的昆蟲，動物們就必須再提升自己的速度。

這簡直是看不到終點的競速比賽。

最終的結果是，靈活的昆蟲和敏捷的動物，一起完成了演化。

即便如此，要捕捉到昆蟲仍然不是容易的事。然而，本該以昆蟲為食的懶猴，動作根本就快不起來。就像牠的英文名字「slow loris」，懶猴的動作十分緩慢。

為什麼神要創造懶猴這種奇異的生物呢？

想捕捉到靈活的昆蟲，必須行動敏捷；但是，動作再快也還是有其限度。

為此，懶猴想出來的戰略是──「那就慢到讓對方察覺不了自己的動作。」

昆蟲必須迅速擺脫敵人，所以對快速的動作很敏感。無論對方的襲擊有多麼敏捷，一察覺到風吹草動昆蟲就會立刻逃跑，想要捕捉牠們並不容易。

昆蟲對會動的東西很敏感，但相反地，對不動的東西就很遲鈍。因此，只要慢慢、緩緩地靠近，就能在昆蟲發現之前把牠們捕捉到手。

對抗「速度」的最強力手段，就是「緩慢」。這完全是顛覆性的發想。

換句話說，「緩慢」就是懶猴的武器。

這讓我想起了橫濱海灣之星職棒隊的投手三浦大輔。

事件發生的舞台是日本職棒賽季的明星賽，獲選參加的都是選手中的菁英，而三浦選手當時的對手，是之後活躍於美國職棒大聯盟的大谷翔平。

大谷選手擁有棒球界最快的球速，可以投出時速超過一百六十公里的快速球；不只如此，他還是非常強悍的打者。「面對大谷選手這麼厲害的打者，三浦選手會投出什麼樣的球呢？」所有人都屏息以待。

這時，三浦選手投出了一記無法測速的超慢速球。

他認為，既然在速度上贏不過大谷選手，那就反其道而行，投出比誰都慢的慢速球吧。最後，三浦選手就靠著這顆慢速球，漂亮地讓大谷選手擊出了投手前滾地球而致勝。

不是只有快速球能百戰百勝，比誰都慢的慢速球，同樣能百戰百勝。

當然，想要投出比誰都慢的慢速球，並沒有那麼簡單。為了這場對戰，三浦選手私下一定做了許多練習。

動作緩慢還有一個優點，就是不容易被肉食動物發現。只不過，要是被發現就完蛋了，因為懶猴沒辦法逃命。

但懶猴也沒有坐以待斃。其實，牠們的手肘內側藏著毒腺，如果跟唾液混合，毒性還會變得更強，懶猴就是仰賴這種毒液防敵保命。

還不只是如此。

就像有毒的青蛙或毛毛蟲，含毒的生物大多有著顯眼的色彩。一般的生物為了自保都會盡量低調，有毒生物則是藉由醒目的外表，避免讓自己遭到誤食。而懶猴特殊的長相，據說可能也是宣示牠們有毒的標誌。

對懶猴來說，緩慢就是牠的武器。

不輸給任何人的「緩慢」，就是不輸給任何人的「強大」。

當其他生物們還在速度的演化上不斷競爭，更突顯出這項武器的耀眼。

凡事不是求快就好，速度的競爭也並非一切。

所以啊，動作緩慢的懶猴，保持原來的樣子就很好了。

烏龜

有了龜甲保護自己，跑得慢也沒關係

烏龜也是遲鈍的生物。

在日本童謠《兔子和烏龜》（うさぎとかめ）中，描寫烏龜的歌詞是這樣的——

> 全世界　沒有人　跑得比你更慢　你為什麼如此遲鈍呢？

同樣是爬蟲類的蜥蜴，爬行起來就很敏捷，烏龜卻偏偏如此遲鈍，這是為什麼呢？為何烏龜沒有演化出快速奔跑的能力？

為什麼神要創造烏龜這種慢吞吞的生物呢？

烏龜跑得慢，有牠的理由。

烏龜背負著與身軀一體化的龜甲，因此妨礙了牠的動作，讓牠無法快速行動。

但是說到底，為什麼一定要快速行動呢？

動物之所以要快速行動，是為了躲避天敵，而烏龜有龜甲可以保護自己。既然有了龜甲防身，就沒必要逃跑。

說不定，烏龜還會莫名其妙地想著：「為什麼其他動物要那麼慌張地逃跑？」

回頭想想，烏龜的龜甲其實是很神奇的存在。

比方說，貝類或蝸牛等都有護身的殼，寄生蟹雖然不會自己造殼，也會尋找其他捲貝的殼，然後躲在裡面。

然而，烏龜和我們人類一樣是脊椎動物，牠們是怎麼造出龜甲的？龜甲又是用什麼做成的？是皮膚？還是骨骼？

例如，像犰狳這樣有鱗甲護身的動物，是把背部的皮膚變得堅硬、強固。但事實上，至今我們仍不清楚烏龜的龜甲是怎麼形成的。唯一知道的是，牠們的龜甲是全身骨骼的一部分。

烏龜在胚胎時期便延伸自己的肋骨與脊椎，造出了龜甲。

若從烏龜祖先物種的化石來看，一開始只有腹側具備完整的殼（腹甲），之後才逐漸發展到背部，最終演化成足以防身的完整龜甲。但是，腹側一開始為什麼會變得堅硬，仍舊原因不明。

仔細想想，烏龜近親的化石是恐龍時代的產物，換句話說，牠們是從恐龍時代就存活至今。原本遍布地球、興盛繁衍的恐龍都已經滅絕，烏龜卻存活了下來，真是非常了不起的生物。

所以啊，跑得慢的烏龜，保持原來的樣子就很好了。

奇異鳥

鳥不是「理所當然」要飛，也不是「應該」要飛

不會飛的鳥類，用飛行換來了各種各樣的能力。

比方說，企鵝的游泳速度極快，鴕鳥能強而有力地在大地上奔跑。

那麼，奇異鳥呢？

奇異鳥是不會飛的鳥，牠的翅膀幾乎退化，只殘留些許痕跡。

但是，奇異鳥不像企鵝會游泳，也不像鴕鳥能強力奔跑，只會在地面上走來走去。奇異果就是因為外觀酷似這種鳥，才被如此取名；由此可知，奇異鳥的身姿也跟這種水果一樣，都是圓滾滾的。

為什麼神要創造奇異鳥這種半吊子的生物呢？

據說，鳥類是由恐龍演化而成。原本的小型恐龍演化出了翼翅，最後開始在空中飛翔。根據最近的研究，暴龍可能也身覆羽毛，卻沒有長出翼翅，反而是縮小前肢，只有小型恐龍用前肢演化出了翼翅。

地面上擠滿了像暴龍這樣的巨型恐龍，小型恐龍根本沒有生存的勝算，既然如此，那就生活在高高的樹上吧！如果是樹木的高處，就無須和大型恐龍競爭，也不必擔心遭到獵食。

於是，小型恐龍中出現了生活在樹木高處的種類。為了在樹木間移動，牠們演化出便利的翼翅，最終獲得在空中自由翱翔的能力，進展到最後，鳥類就出現了。

鳥類得到了在空中自由飛翔的翅膀，然而，奇異鳥卻無法飛行。

奇異鳥是不會飛的鳥。

不過，這就奇怪了。

說到底，為什麼鳥一定要飛呢？

鳥要飛似乎是理所當然的事，但是對鳥類而言，「飛」這個行為要比人們想像中更耗費能量。

例如，烏鴉在馬路上遇到汽車靠近，也不會立刻飛走，而是蹦跳著避開；公園的鴿子就算被追趕，也不會輕易起飛，而是盡可能跑著逃走。

飛行是十分耗費能量的行動，如果不用飛，鳥類也會盡量避免飛行。

追根究柢說起來，鳥類的翅膀是為了逃離大型恐龍才演化而來的；即使到了現在，翅膀同樣可以保護牠們免於遭受肉食動物的獵捕。

當然，飛行不只是為了逃離敵人，有了翅膀，還可以移動到更遠的地方。

但是，那又怎樣呢？

如果所在的環境安全舒適，無須躲避敵人、也不用到處移動，那就沒有飛行的必要了。

奇異鳥棲息的地方，不存在天敵，也無須到處移動，可以說是安居的樂園。

奇異鳥是紐西蘭的特有種，紐西蘭不鄰接任何大陸，也不存在大型的哺乳類，這裡沒有會獵食奇異鳥的肉食動物，也沒有和牠們搶奪食物的對手。於是，奇異鳥丟掉了不必要的翅膀，放棄多餘的飛行能力。

因為不飛也行，所以不飛，就只是這樣而已。

沒有規定說，是鳥類就一定要有翅膀。

也沒有規定說，是鳥類就一定要飛。

奇異鳥不是變得不會飛，只是不飛而已。

牠不是不會飛的鳥，而是「不飛的鳥」。

還不只是如此。

奇異鳥不需要像企鵝到水中覓食，也不必跟鴕鳥一樣強力奔跑。那麼，牠們是如何運用這些多到不行的能量呢？

其實，奇異鳥以產下巨大的蛋聞名。當然，奇異鳥的蛋比不上巨大的鴕鳥蛋，但若是以自身的體型比例來看，牠們產的蛋是全世界鳥類中最大的。母的奇異鳥可以產下約為自己身體兩成大小的巨蛋，真是讓人吃驚。

對所有生物來說，留下子孫、延續生命是最重要的任務，由此看來，奇異鳥做為生物，是把能量都投資到最重要的事情上了。從大型蛋中生出來的大雛鳥，存活機率要比小雛鳥更高。

鳥不是「理所當然」要飛，也不是「應該」要飛，這不過是人類自以為是的成見。如果沒有飛的必要，鳥當然可以不飛。

因為，還有比飛行更重要的事。

這就是「不飛的鳥」——奇異鳥的生存方式。

所以啊，沒有翅膀的奇異鳥，保持原來的樣子就很好了。

豆芽

柔弱的外表下，是奮力生長的強韌姿態

「豆芽」（豆芽菜）在日本可以用來形容人——長得蒼白、瘦高柔弱的孩子，就會被叫做「豆芽菜」。

的確，豆芽是白色的，又伸展得細細長長，感覺就很脆弱。

「豆芽」不是植物的名稱，而是豆類種子長出來的芽。

不拘於豆子的種類，只要是豆類種子發出來的「芽」，全都是「豆芽」。

一般來說，市面上販售的豆芽多是綠豆芽或黃豆芽。而培育豆芽時，種子不能見光，所以它們才會長成一副瘦弱又細長的模樣。

為什麼神要創造豆芽這種柔弱的生物呢？

其實，豆芽一點也不柔弱，反而充分展現了植物的強韌生命力。

一說到植物發芽，我們的腦海裡都會浮現細短的莖上伸展著兩片幼苗的畫面。

那麼，豆芽又是如何呢？豆芽的兩片子葉是閉合的，還長出特別長的豆莖，這對植物來說，是很不自然的發芽狀態。

豆芽只能在不見光的環境裡培育，這樣種子才會以為自己還在土裡、沒有長出地面，而不停地伸展豆莖。

也就是說，豆芽是種子在土裡生長的模樣。

由於豆芽以為自己還在土裡，所以不會展開兩片子葉，而是一邊保護閉合的幼苗，一邊努力生長；而且為了長出地面，就必須一直伸展莖部。

在陽光下生長、發育的幼芽，不需要伸展出長長的莖部；但種子還在土裡時，

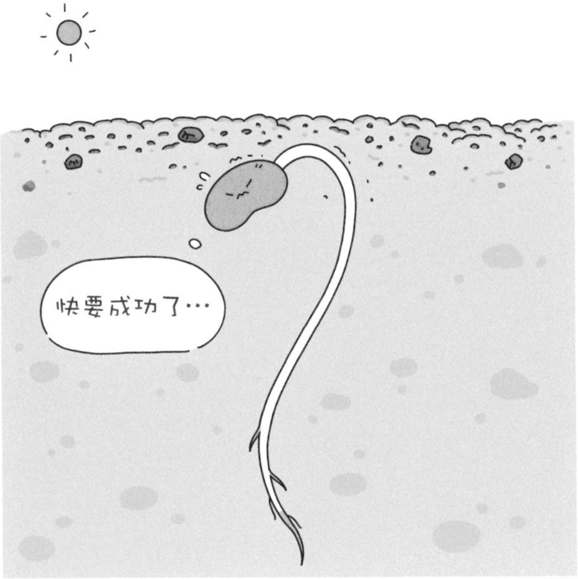

就必須以莖部的伸展為優先，才能讓自己長出地面、獲得充足的陽光，這就是豆芽的莖特別長的原因。

此外，豆芽也總是垂著兩片子葉，有如低著頭一樣。

豆芽既然是種子在土裡生長的模樣，如果直直往上伸展，可能會讓寶貴的幼苗被泥土及石頭弄傷。為了保護重要的幼苗，豆芽才會用彎曲的莖部頂開泥土，直到長出地面。

有一種日本小朋友常玩的遊戲叫做「擠壓饅頭」，就是用背部互相推擠，誰被擠出圈圈就算輸了。大人們擠進滿載的電車時，也不會直接用頭推擠，而是弓著後背擠進去。豆芽也像這樣，用彎曲的莖頂開泥土，一邊往上生長。

豆芽，是一直在生長的植物。

眾所周知，豆芽是容易受傷的蔬菜，這是因為它們還一直在生長。就算被切掉根、裝進袋子、放入冰箱，豆芽也會不斷尋求光線、堅持生長。豆芽會受傷，就是因為它們即使在冰箱裡，也持續在生長。

豆芽展現了植物奮力生長的強韌模樣。

但是，豆芽見不到陽光、無法行光合作用，根部也只能吸收到水分，這麼小的植物，是從哪兒獲得那麼多營養呢？

豆芽生長所需的能量，全都蘊含在種子裡。

不只是豆芽，所有植物的種子都蓄積著發芽所需的能量。

比方說，我們常吃的米，就是稻子的種子。

稻種的主要成分是澱粉，澱粉能為生物提供維持生命活動的能量，是最基礎的營養成分。因此對我們人類來說，米是非常重要的營養來源。

不過，就像有的車子靠汽油發動、有的靠柴油發動，也有些種子會使用澱粉以外的成分做為能量來源。例如，向日葵或油菜的種子就是以脂肪為主要能量來源，因此葵花籽和油菜籽才能榨出豐富的油脂。

豆芽來自豆科植物，是以蛋白質做為發芽的能量來源。豆科植物有個特徵，就是會和一種叫做「根瘤菌」的細菌共生，在缺氮的環境裡也能成長[2]。但是，剛發出的嫩芽尚未和根瘤菌共生，所以要先在種子裡貯存能轉換成氮的蛋白質。

2 豆科植物能在根瘤菌幫助下，將大氣中的氮氣轉化為植物可吸收利用的氨（固氮作用）；植物則提供糖分和氧氣給根瘤菌，供應其生長所需，形成互利共生的關係。

除此之外，豆科植物發芽時還有一個特徵。

植物的種子，是由兩個部分所組成——做為植物基底的「胚」（相當於嬰兒）和負責營養供給的「胚乳」（就是寶寶喝的奶）。

例如，稻米中的糙米有著被稱為「胚芽」的部分，就是將來會發芽長成植物的「胚」；碾去胚芽之後的白米，則是稻種的「胚乳」。也就是說，我們平常吃的都只是稻種的能量倉。

基本上，植物的種子都有胚和胚乳；但是，豆科植物的種子就沒有胚乳。

來看看豆類當中較大、更容易觀察的黃豆芽吧！

豆芽中的雙子葉，是由豆子分成的兩瓣而來。例如毛豆、蠶豆和花生等豆類的種子都會分成兩瓣，這個部分後來就會長成雙子葉。而豆類種子中沒有胚乳，在胚形成時，胚乳就被胚全部吸收，發芽所需的營養則貯存在厚實的雙子葉裡。

像米這種普通的植物種子，胚乳占了絕大部分，會發芽的胚則只占了極小一部分。但是，幼苗只要越大，在競爭上就越有利，因此豆科植物的種子都將能量儲藏在體內，充分利用種子裡有限的空間，讓身體長得更大。

豆科植物早已備妥生長所需的能量，豆芽就是利用這些能量生長出來的成果。這樣的姿態，哪裡柔弱了呢。

所以啊，細長又瘦弱的豆芽，保持原來的樣子就很好了。

地瓜（番薯）

在充滿糧食危機的時代，成為堅強後盾

在日本，會用「長得很地瓜」來取笑別人。看起來土氣、不起眼，就會被說成是「地瓜哥」或「地瓜姊」。從泥土中挖出來的地瓜，確實很土氣；就算洗得再乾淨，還是脫不了土氣。畢竟，地瓜就只能是地瓜。

為什麼神要創造地瓜這種土裡土氣的生物呢？

所謂「地瓜哥」、「地瓜姊」，聽起來就充滿嘲弄的意味；在古代的日本，則

有「地瓜爺爺」這樣的說法。

但不同的是，「地瓜爺爺」是帶有尊敬之意的稱謂。日本各地都建有「地瓜爺爺」的石碑，地瓜爺爺可是很偉大的人物。

地瓜在日本叫做「薩摩芋」，原產自中美洲，之後因為哥倫布發現新大陸而傳入歐洲，至於日本則是在戰國時代末期（約為西元十六世紀末）被引進。

正如「薩摩芋」這個名字所示，地瓜就是從薩摩國（現今的鹿兒島縣）傳入日本的。在這之前，日本的「芋」類只有「里芋（芋頭）」和「山芋（山藥）」[3]。

人們對於國外傳入的陌生芋類，怎麼看都覺得很奇怪。但沒過多久，就有人發現地瓜可以在貧瘠的土地上生長，而且營養豐富，是因應饑荒時期的絕佳食糧。

3 在日文中，「芋」（いも）泛指各種根莖類植物，而非像中文專指「芋頭」。例如「里芋」（さといも）是指芋頭，「山芋」（やまいも）是山藥，「薩摩芋」（さつまいも）是地瓜，「じゃがいも」則是馬鈴薯。

即便如此，要大力推介、鼓勵人們種植從沒見過的地瓜，依舊不是那麼容易。再加上地瓜的原產地中美洲位於赤道，因此地瓜並不耐寒，在沒有暖氣的古代，秋天收穫的地瓜很難保存一整個冬天。

之後，江戶時代的儒學家青木昆陽成功地研發出地瓜的栽培及保存技術，這項偉大的功績讓他被譽為「甘藷先生」，也就是「地瓜先生」。

除此之外，日本各地的有志之士也紛紛挑戰種植地瓜。為了防備災害及戰爭，他們苦心推廣地瓜做為救荒糧食，在饑饉中拯救了許多人。

這些了不起的人物在當地都被稱為「地瓜宗匠」或「地瓜爺爺」，「地瓜」的稱號成了備受尊敬的象徵。

大家可能覺得這種事只會發生在江戶時代，但實情並非如此。

日本在第二次世界大戰中發生了糧荒，就是靠著在住家庭院及學校空地等處種

植地瓜，才熬過了危機；戰後，各處的土地都被燒得滿目瘡痍，人人為飢餓所苦，也是地瓜救了大家的命。

在人們挨餓受苦時，地瓜就像是救世主。

就連在豐衣足食的現代，若以熱量加權計算，日本的糧食自給率也是連四十%都不到，假如日本完全停止進口糧食，根據最單純的算法，十人之中就會有六人完全沒有食物可吃。然而，曾經有人認真地試算過，靠著種植地瓜，即便是現在，也足以養活全日本的人口。

地瓜不只能在貧瘠的土地生長，它的產量在所有作物中也是遙遙領先，莖葉還能用來做為家畜的飼料。

在充滿糧食危機的時代，地瓜真是堅強的後盾。

所以啊，看起來土氣的地瓜，保持原來的樣子就很好了。

第 3 章

「不起眼」的生物

鴨嘴獸

像不像哺乳類，有那麼重要嗎？

鴨嘴獸是奇妙的生物。

明明是哺乳類，產的卻是卵，還像鳥類一樣有個喙。

最早發現鴨嘴獸的探險家，將牠的毛皮寄回本國並提出報告時，還被懷疑是用各種動物拼組而成，似乎沒有人相信鴨嘴獸的存在。

鴨嘴獸就是這麼特別。

哺乳類有兩大特徵——一是不產卵，直接產下胎兒，稱為胎生；二是會分泌乳汁、哺育幼兒。鴨嘴獸雖然是卵生，卻用母乳哺育幼兒，因此被分類為哺乳類。

做為打破規則的存在，牠們被視為自然界最奇妙的生物。

為什麼神要創造鴨嘴獸這麼奇妙的生物呢？

不過話說回來，誰又能真正定義什麼是哺乳類呢？

事實上，鴨嘴獸很久以前就存在於地球。據說在六千五百萬年前，也就是恐龍滅絕、哺乳類開始興盛繁衍的時期，鴨嘴獸就出現了。甚至有人認為，牠們早在二億五千萬年前，恐龍依然稱霸的中生代就已經存在。

自遠古以來，鴨嘴獸的模樣就不曾改變，等於是「活化石」，真的很厲害。

仔細想想，其他生物之所以演化，是因為不改變形態就無法存活下來，所以鴨嘴獸的形態可以說已經近乎完美，才不需要改變。

根據研究，鴨嘴獸產卵的特徵，是從哺乳類尚未演化的遠古時期遺留下來的，那是比人類出現還要久遠許多的事。真要說起來，在人類製造出「哺乳類」這個分類之前，鴨嘴獸就存在於地球了，牠們是比人類還要資深的前輩。

沒想到，人類竟然還武斷地評論著人家「像哺乳類」或「不像哺乳類」。

其實，這個世界原本就沒有任何區別，是人類在當中畫出了界線。人類在毫無區別的世界裡，畫出了國界、縣界或經緯線。

例如，從哪裡到哪裡算是富士山呢？富士山與整片大地相連，根本無法區分它是從哪裡開始、在何處結束。然而，我們卻區隔出了「富士山」和「不是富士山」

的領域。

人類據說是由猿猴演化而來，然而，總不可能是猿猴媽媽在某天忽然生下了人類寶寶吧？若是如此，人類和猿猴的區別又是什麼？

其實，根本沒有什麼區別。只是人類的大腦無法理解，才硬是做出了區隔和分類，然後再來批評「像○○」、「不像○○」。

人類這種生物，真的很自以為是。

從以前到現在，鴨嘴獸一直都是鴨嘴獸，只是人類自顧自地在說著牠們「不像哺乳類」、「好奇妙」而已。

所以啊，就算鴨嘴獸被說不像哺乳類，保持原來的樣子就很好了。

企鵝

離開天空，選擇在水中飛翔的鳥

企鵝是不會飛的鳥。明明是鳥類，卻不會在空中飛翔。

不會飛的鳥類，還有駝鳥。但是，駝鳥獲得了在大地上強勁奔跑的能力，企鵝卻連跑都不會跑。牠們只能像剛開始學走路的嬰兒那樣，搖搖晃晃地往前走。

為什麼神要創造企鵝這種笨拙的生物呢？

想飛上天空，身體必須輕盈。為此，所有飛上天空的鳥都把自己的骨骼縮小、變輕，甚至讓裡頭布滿空洞。透過讓身體輕量化，才更容易在空中飛行。

反觀企鵝的骨骼則很粗大，骨質更是紮實，因此身體十分沉重，這樣不可能飛上天空。

但要說企鵝一直都不會飛，好像也並非如此。很久以前，企鵝似乎是會飛的。

根據研究，企鵝的祖先是一種會飛的海鳥。海中有很多可做為食物的魚，這些海鳥便從空中俯衝進海裡捉魚。但是，從空中很難瞄準獵物，牠們便逐步演化成能長時間潛水，並因此提高了在海中游泳的能力。

沉重的身體讓牠們更容易潛入海中，而為了承受海中的水壓，還需要強壯的骨骼。此外，想要潛入海裡，巨大的翅膀會在水中造成阻力、妨礙行動，所以企鵝的翅膀在演化過程中便縮成了鰭。

就這樣，企鵝放棄了廣闊的天空，轉而演化出能在海中自在暢游的身體。

其實，企鵝和鳥有著相同的骨骼，所以就像鳥在空中翱翔，牠們也可以在海裡遨遊。

企鵝不是不會飛的鳥。

牠們是在水中飛翔的鳥。

看見在天空翱翔的鳥，再羨慕也別無他法；看見在大地奔跑的鴕鳥，再憧憬也難以改變。

企鵝無須努力飛翔，也不必快速奔跑。牠們只有在海中才能發揮實力，所以對企鵝來說，潛入海中探索才是最重要的事。

所以啊，不能飛上天空的企鵝，保持原來的樣子就很好了。

河馬

看似悠哉，卻是非洲最強悍的動物

要是被說像河馬，那會是什麼樣子呢？

動物園的河馬總是悠哉地泡在水裡，偶爾從水中冒出頭來，或者動動耳朵。再不然就是張開大大的嘴巴，引來觀眾一陣歡呼，或者一口咬開飼育員給牠們的西瓜。

真是無憂無慮的生物啊。

為什麼神要創造河馬這種呆呆鈍鈍的生物呢？

大家知道非洲最凶猛的動物是什麼嗎？

不是獅子，也不是大象，而是河馬。

河馬被譽為非洲最強悍的動物，是當地人最害怕的猛獸，有很多人都遭到河馬攻擊而喪命。

河馬是領地意識很強的動物，不允許自己的領地遭到入侵，對於膽敢入侵的生物，脾氣暴躁的河馬都會毫不留情地發動攻擊。

牠們會以巨大的身軀直接衝撞，再用大大的嘴和獠牙用力咬住對方，任誰都難以抵擋這樣的攻勢。

同樣棲息在河邊的鱷魚，也無法與河馬抗衡，儘管在人們眼中十分凶猛，鱷魚卻經常死在河馬的襲擊之下。

甚至連獅子都敵不過河馬。天不怕地不怕的河馬連獅子也照樣攻擊，只要任何敵人入侵牠們的領地，就會有生命危險。

看似悠悠哉哉的河馬，奔跑起來的時速有四十公里。當然，牠們在水中更能夠發揮擅長的能力。河馬雖然棲息在水裡，其實並不會游泳，牠們是將笨重的身體沉入水中，在最底部奔跑，而且時速高達六十公里，超過了在陸地上的速度。

令人意外的是，據說河馬和鯨魚有共通的祖先，算是近緣物種。

鯨魚做為動物，占據了「海中」這個特殊的棲息地，河馬則占據了「河裡」這個特殊的棲息地。鯨魚和河馬選擇了其他動物難以生存的水域，在其中大獲全勝。

河馬張開大大的嘴巴，可不是在悠閒地打哈欠，而是在用利牙表達威嚇。千萬不能被牠們的外表騙了，河馬是世上最強悍的動物之一。

所以啊，嘴巴大大的河馬，保持原來的樣子就很好了。

狸貓

圓滾滾的矮短身材，是為了覓食所需

據說狸貓會化身騙人，這是真的嗎？

飽餐一頓後會拍打肚皮作樂，或是像童話故事〈咔嚓咔嚓山〉說的那樣，身上背的木柴竟突然著火[1]；在著名的滋賀縣名產「信樂燒」陶器擺飾中，狸貓則經常以抱著酒瓶的造型呈現。

說是會化身騙人，卻總是失敗，民間故事裡的狸貓一直是搞笑又傻氣的形象。

1 在故事中，狸貓害死了善良的老婆婆，後來被老公公和聰明的兔子施計復仇——兔子將狸貓騙到山上，讓牠背起木柴並在上頭點火。「咔嚓咔嚓」是點火石打火的聲音，狸貓聽見原本起了疑心，兔子則說這座山叫做「咔嚓咔嚓山」，所以山裡的鳥鳴聲也是「咔嚓咔嚓」，因此蒙混了過去。

同樣被認為會化身的狐狸，就給人更聰慧的感覺。狸貓不但身形矮胖，動作也很遲鈍。

為什麼神要創造狸貓這種糊里糊塗的生物呢？

狐狸身上有種超脫世俗的神秘感。這麼說起來，稻荷大神的使者也是狐狸。從前，我曾經在草原上遇見野生的狐狸，牠沒有逃走，只是靜靜地在遠處觀察我。當我試著靠過去，牠立刻轉身朝森林逃了一小段距離，然後又停下腳步，靜靜地望過來。

狐狸的眼睛真的很神秘。當我看著牠，牠也一直凝視著我，我感覺自己像是被牠的眼神吸了進去，十分不可思議。漸漸地，我甚至有了被狐狸迷住的感覺。

狐狸是肉食動物，據說牠們會被供奉為保佑五穀豐收的稻荷神使，就是因為牠們能消滅四處啃食稻穀的老鼠。

想確保有充足的獵物，就需要廣大的領地。從狐狸的角度來看，牠們可能只是對闖入自己領地的奇怪人類抱持警戒，才盯著我們不放，人類卻自作多情地覺得狐狸在引誘自己。

古時候有很多狐狸領路的故事，大概就是出自這種錯覺吧。

另一方面，狸貓則是雜食性動物。

牠們偶爾會捕食小動物，但主要仍以昆蟲、青蛙或蚯蚓為食，其他包括植物果實、橡實或蕈類，也都是牠們的食物。所以，狸貓不需要像狐狸那樣快速奔跑或跳躍，擁有敏捷的身手。

不過，為了在茂密的森林中能順利移動、獲取地面上的食物，狸貓演化出了短腿、低矮的體型。此外，由於青蛙或昆蟲等食物在冬天會消失，狸貓會預先囤積皮

下脂肪，把自己變得圓滾滾的，讓人不禁聯想起帶著喜感的狸貓肚。狸貓用自己的方式，完成了演化的過程。

聽到獵人開槍時，狸貓會倒地裝死，「裝睡」在日文中叫做「狸寝入り」，就是由來於此。當獵人以為自己打中目標了，想要靠近查看，狸貓就會趁機跳起來逃走，傳說牠們會化身騙人，也是出自這個原因。

狐狸需要廣大的領地，所以當人類在里山[2]進行開發，牠們就會失去棲息處。但雜食性的狸貓不需要領地，即使里山被人類開發了，牠們也可以在有限的綠地棲息，而且直到現代，狸貓還是常在我們眼前出沒。

狸貓和人類的距離就是這麼親近。

所以啊，看起來傻氣糊塗的狸貓，保持原來的樣子就很好了。

2 位於高山與平原之間，包含森林、人類聚落和農田的區間帶。

螻蛄

在水、陸、空自由來去的全能昆蟲

人類常用「螻蟻」表達對昆蟲的輕視，而螻蛄在日文的漢字中也是寫成「螻」（けら；讀音為kera）。

《把太陽捧在手心》這首童謠的歌詞中，在蚯蚓之後寫的就是螻蛄，而且此處還加上了「御」的尊稱，聽起來就更諷刺了。

此外，在賭馬或柏青哥等賭博遊戲中輸得精光，日文會用「おけらになる」來形容，直譯的意思就是「變成螻蛄」。據說這是因為螻蛄被抓住時，會用力張開前腳，看起來就像在投降，代表分文不剩、束手無策的模樣。

為什麼神要創造螻蛄這種被人藐視的生物呢？

能夠鑽土挖洞並棲息其中的螻蛄，有著鏟子般的巨大前腳。一旦被抓住時，牠們會用力張開前腳，就是想要挖開泥土躲進去。

螻蛄的英文是「mole cricket」（鼴鼠蟋蟀），意指螻蛄就像鼴鼠般，是生活在泥土裡的蟋蟀。既然是蟋蟀，自然也會鳴叫，螻蛄和其他蟋蟀一樣是摩擦翅膀來發聲，由於牠住在地下，所以聽起來是模糊、沉悶的「嘰嘰」聲。

從前人們聽到土裡傳來奇妙的蟲鳴，都以為是蚯蚓的叫聲，即便是現在，「蚯蚓鳴叫」仍被用於俳句的秋天季語[3]，但這其實是螻蛄的聲音。

生物間的競爭非常激烈，非要爭戰到有一方滅絕、另一方存活才會罷休。而最

3 季語是在連歌、俳句等日本詩作中用來表現特定季節的詞彙，像是「雪」（冬）、「月」（秋）、「花」（春）等等。

後的結果，都只有勝利者能存活下來。

但事實上，自然界有很多生物都可以共存。

這是由於各種生物的棲息地、食物等可能引發競爭的因素，逐漸出現了區隔，而使得生物之間不必再進行你死我活的激烈競爭，也就是所謂的「競爭排斥原理」（competitive exclusion principle）。

對生物來說，最致命的是與其他種類生物的生存區位重疊，這意味著雙方必須競爭到某一方滅亡為止。因此，哪怕只有一點點差異，所有生物都會盡力地讓自己和競爭對手有所區隔。

那麼，螻蛄是怎麼做的呢？

那就是變成「棲息在土裡的蟋蟀」。其他昆蟲根本學不來這麼奇特的招數。

螻蛄如願獲得了沒有敵人的世界，而且只要鑽進土裡，就能避開昆蟲最害怕的天敵——鳥類，簡直是一舉多得。

既然如此，為什麼其他蟋蟀不模仿螻蛄呢？這當然是行不通的事，因為要棲息在土裡，並沒有那麼簡單。

說實話，想在泥土中挖洞藏身，真的很不容易。

在科幻電影或機器人動畫裡，常會看到附有鑽地機的車輛深入地底的場景。實際上，鑽地機只能挖出相同直徑的洞，並不能順著洞在土裡潛行，因為想要一邊鑽洞一邊前進，就必須把挖出來的土撥到後方。

而螻蛄的前腳就像挖土機，有一對呈鋸齒狀的鏟子，可以把挖出來的土撥到身體後方。此外，土裡還有植物的根會妨礙挖土和前進，所以螻蛄的前腳上也有像小刀一樣的刺，可以切斷草根。

還不只是如此。螻蛄的頭很大、身體細長，這樣的體型會使牠更容易通過挖好的洞。螻蛄的身體前半部像鎧甲一樣堅硬，有利於鑽洞前行；下半身則十分柔軟，

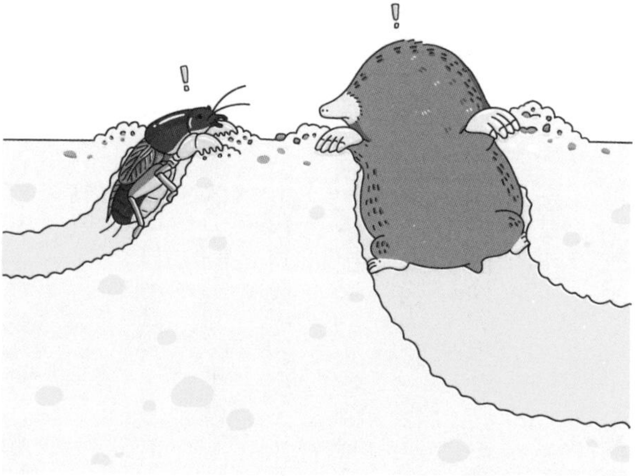

可以順利滑入挖好的洞裡，上面還有柔軟的毛，能避免泥土附著於體表，讓前進更為順暢。

花費了這麼多功夫，螻蛄才能在土裡自由來去。

神奇的是，螻蛄和鼴鼠確實有著相似的外形，都具備了適於挖掘的前肢。

螻蛄是昆蟲，鼴鼠則是哺乳類，兩者的演化過程完全不同，但是為了追求最適合在地下生活的完美形態，最終演化出了相似的外形。明明是不同種類的生物，卻演化出相似的特徵，這種現象就是所謂的「趨同演化」（convergent evolution）。

螻蛄不但會鑽地前進，還能展翅飛翔。其他摩擦翅膀鳴叫的蟋蟀科同伴，幾乎都沒有飛行能力；反觀螻蛄除了前翅會發出鳴叫，長長的後翅則可以用來飛行。此外，螻蛄體表生長的毛具有撥水功能，只要用前腳划水，甚至可以快速游泳。

也就是說，螻蛄能在水、陸、空之間自由自在地移動。

世上還有比牠更了不起的昆蟲嗎？

但人類竟然輕蔑地把這麼厲害的昆蟲說成是「螻蟻」。

所以啊，就算螻蛄被人藐視，保持原來的樣子就很好了。

螞蟻

高度發展本能，是微小卻不容忽視的存在

螞蟻在日文中的暱稱是「ありんこ」（蟻子；讀音為arinko）。

螞蟻的體型微小，力量也十分弱小。牠們在土裡築巢，總是排隊行進、勤奮工作；偶爾會遭到踩踏，或是被人類的小孩弄壞巢穴。

螞蟻就是這樣的生物。

為什麼神要創造螞蟻這種弱小的生物呢？

螞蟻真的弱小嗎？

實際上並非如此，螞蟻可以說是昆蟲界最強的存在。

最重要的是，螞蟻都是集體行動。比螞蟻強的昆蟲看似不計其數，但是沒有任何昆蟲能夠對抗集體入侵的螞蟻軍團。

蜜蜂是人類懼怕的昆蟲之一，牠們常把巢築在樹枝下等懸空的地方，據說就是害怕螞蟻的襲擊。甚至還有蜂類會在蜂巢底部塗上螞蟻不喜歡的成分加以防範。

除此之外，白蟻和螞蟻名字相近，實則大不相同[4]，而白蟻族群中的兵蟻上顎發達、有著巨大的牙齒，據說也是為了阻擋螞蟻的攻擊所演化而來。

螞蟻是讓其他昆蟲害怕的存在。

還不只是昆蟲。成群行進的螞蟻軍團有多麼恐怖，乃是眾所皆知。只要外出覓食的螞蟻軍團經過，幾乎是寸糧不留，家畜多半會被啃食得只剩白

4 螞蟻是更接近於蜜蜂的社會性昆蟲，白蟻則是由蟑螂演化而來。

骨，連人類都只有避難的份。

螞蟻確實是最強的存在，因此，許多生物都會利用牠們的強悍。舉例來說，蚜蟲會在尾部分泌螞蟻喜歡的蜜露，螞蟻為了持續獲得蜜露，就會趕走瓢蟲等蚜蟲的天敵。即便是比蚜蟲更巨大的瓢蟲，碰上螞蟻軍團來襲也只能敗退。

此外，灰蝶的幼蟲也會在尾部分泌蜜露，讓螞蟻將牠們搬運到蟻穴裡圈養。灰蝶的幼蟲用蜜露換來了安全的住所和螞蟻的守護。

螞蟻真是非常可靠的保鑣。

同時，螞蟻也被認為是「高度演化的昆蟲」。

據說螞蟻是由蜜蜂演化而來。螞蟻或蜜蜂都是選擇了群體生活、發展出社會性的昆蟲，比起單打獨鬥，牠們更懂得善用集體的力量，以獲取更高的生存率。牠們也以「蟻后」、「蜂后」為中心，劃分不同階級，彼此各司其職、分工合作。

相對於人類等哺乳類積極發展智能，昆蟲則是高度發展本能。螞蟻或蜜蜂所建構的複雜社會和分工機制，全都是由牠們的本能所掌控。

而且，螞蟻是比蜜蜂更新的演化形態。

昆蟲有翅膀，所以會飛，但是振動翅膀飛上天空需要莫大的能量。為此，螞蟻捨棄了無用的翅膀。高度發展的集體行動，以及在地下築巢棲息等開創性的生活模式，讓螞蟻可以不需要翅膀。

如果說高度的智能發展，讓我們人類站上了脊椎動物的演化頂點；那麼高度的本能發展，則讓螞蟻站上了無脊椎動物的演化頂點。

就像人類遠遠超越了其他野生動物，螞蟻的強悍在昆蟲界也是無可匹敵。

螞蟻雖小，卻不容忽視。

所以啊，螞蟻就算被視為弱小，保持原來的樣子就很好了。

野葛

有益或有害，都只是人類自以為是的論斷

大家都把這種植物叫做「野葛」。

「野葛」的日文是「クズ」，「廢物」的日文也是「クズ」（讀音為kuzu）。

同樣是「クズ」，植物的「クズ」可不是廢物。

為什麼日本人會把野葛叫做「クズ」？

為什麼神要創造野葛這種被這樣稱呼的生物呢？

在日文中，說一個人是「クズ」時，漢字是以「屑」來表示，意思是指垃圾、

廢物或渣滓。至於植物的「クズ」，漢字則是寫成「葛」。

野葛是葛餅或葛茶的原料，從前是以奈良縣吉野川上游的國栖地方為產地，而國栖的發音就是「クズ」。也因此，不知從何時開始，這種植物的名字就跟著變成「クズ」了，古時候野葛還因為開的花很美，而被譽為「秋季七草」。

野葛是豆科爬藤植物，長得很快、不斷伸展著藤蔓，其茁壯繁茂的秘密，就在於它是藤本植物。

為了不倒地，植物的莖必須有強韌的構造。但是，靠著藤蔓伸展的野葛沒有自己站起來的必要，只需不斷伸展，再攀附到周圍的植物身上就好。

此外，野葛的葉子也藏著秘密。

野葛的葉子是三片一組的小葉片，每片葉子都能自由活動，巧妙地轉動、調整位置，以便更有效率地接收陽光；當白天的紫外線過強，葉子也能立起避開強光。

如此一來，野葛便能有效地進行光合作用。

蓬勃生長的野葛會攀附並覆蓋周圍的樹木，嚴重時甚至會搶走陽光，讓整棵樹枯死。當它們沿著電線桿攀爬而上，還可能纏繞在電線上造成短路。

要是附近沒有可以攀附的樹木也無所謂，野葛的莖會相互纏繞、覆蓋地面，進而鋪滿整個河堤或鐵道旁的斜坡。

野葛會大量、快速地生長，

以往曾從日本被引進美國，用來挽救水土流失的狀況。然而，野葛的生長規模遠遠超出了人類的預期，很快就變成影響生態的有害雜草，在美國甚至被稱為「綠色怪物」（green monster）。

野葛既對人類有益，又對人類有害，它到底是何方神聖？

野葛就是野葛，其他什麼也不是。是人類自顧自地一下子說人家「有益」、一下子又說人家「有害」，從野葛的角度來看，人類實在很自以為是。

所以啊，就算野葛的名字發音和廢物一樣，保持原來的樣子就很好了。

第 4 章

「麻煩」的生物

蝙蝠

在獨擅勝場的領域，把能力發揮到極致

蝙蝠經常被用來比喻立場搖擺、模稜兩可的人，也就是「牆頭草」。

伊索寓言裡有個故事是「投機的蝙蝠」，描述鳥類和獸類爆發了戰爭，當獸類陣營占上風，蝙蝠就說自己「長著毛髮」，所以是獸類的一員；當鳥類陣營得勝，蝙蝠又說自己「生著翅膀」，是鳥類的一份子。

最後，等到雙方休兵和談，投機的蝙蝠便遭到排擠，獸類和鳥類都拒絕讓牠加入，從此蝙蝠只能藏身於黑暗的洞窟，在夜間飛行。

蝙蝠果然是牆頭草。

為什麼神要創造蝙蝠這種投機的生物呢？

想在自然界存活下來，重要的並不是在競爭中勝出。就算贏了一次，往後也必須不斷競爭、持續勝利。

然而，要百戰百勝不是容易的事，想在自然界中取得生存優勢，最好是沒有敵手。因此，重要的是讓自己跟大家不一樣，必須和其他生物有所差異。

想要跟其他生物不同，天空就顯得特別有魅力。陸地上早已擠滿了各種生物，但是在天空活動的動物卻很少。

只是，白天的天空是鳥類的世界；反過來看，夜晚的天空就沒有競爭對手，不用擔心被天敵攻擊。因此，蝙蝠就在沒有鳥類的夜空裡任意翱翔。

有別於地面奔跑的動物，也不同於天空飛翔的鳥類，蝙蝠成功獲得了「在空中飛翔的哺乳類」這個獨特的地位。

蝙蝠是如何在空中飛翔的呢？

鳥類的翅膀生有羽毛，當牠們在前進時用力拍打翅膀，羽毛會受風產生升力和推力，與飛機升空是相同的原理。

反觀蝙蝠的翅膀則沒有羽毛，是由指間的皮膜連成蹼狀。這層皮膜從指間一直連接到腳踝，蝙蝠就藉此像滑翔翼般乘風而起。

蝙蝠的皮膜由四片組成，當中連接著無數的關節，讓翅膀能靈巧活動，任意地完成急速迴轉、緊急下降或上升等飛行動作，機動性足以媲美戰鬥機。而蝙蝠就是利用這樣的機動性，捕捉到在空中飛翔的昆蟲。

當然，這是在伸手不見五指的黑暗中進行。蝙蝠會發出超音波，再藉由反射回來的聲音探知獵物所在並加以捕獲，就像是裝了一部性能高超的雷達偵測器。

雖然是牆頭草，但蝙蝠在獨擅勝場的領域中，將自己的能力發揮到極致，真的很了不起。

所以啊，就算蝙蝠是搖擺不定的牆頭草，保持原來的樣子就很好了。

禿鷲

大地的清潔，就交給牠們來維護！

禿鷲的頭頂是禿的，所以才叫做禿鷲。

不只是老的禿鷲禿頭，年輕的也禿；不只是公的禿鷲禿頭，母的也禿。

所以，牠們才叫做禿鷲。

禿鷲會爭奪死去動物的腐肉做為食物，實在讓人毛骨悚然。

為什麼神要創造禿鷲這種一點都不可愛的生物呢？

禿鷲的頭頂是禿的，而且會吃死去動物的屍體。吃屍體的生物被稱為「食腐動物」，如果沒有牠們，會變得怎麼樣呢？

所有的生物最後都會死去，如此一來，四處恐怕會布滿屍體。有食腐動物吃掉死去的動物，大地才能保持清潔，因此食腐動物又被稱為「大地的清道夫」。

禿鷲吃的是死去動物的屍體，比起獵殺活體動物的其他鷲鳥，牠們簡直就是和平主義者。

食用躺在地上的動物屍體，感覺似乎要比捕獲獵物輕鬆許多，事實卻非如此。畢竟牠們吃的是有可能腐壞的肉，一般來說會弄壞肚子，所以禿鷲家族的成員內臟都很發達。

比方說，人類胃酸的pH值大約在1～2左右，這是連鐵都能溶解的強酸程度。然而，禿鷲的胃酸pH值則是在1以下，比人類胃酸的酸性更強，可以殺死腐肉中的所有病原菌。

沒有不能吃的食物，
只有不夠力的胃袋。

禿鷲也會挺直雙腳，將糞尿都淋在自己的腳上。牠們的排泄物同樣具有強酸性，能達到殺菌效果，為踩過腐肉的雙腳消毒。

還有，禿鷲的頭頂是禿的，當牠們把頭伸入動物屍體進食，頭部會被污染，為了保持清潔，才會演化成禿頭。因此，禿鷲會禿頭是有意義的。

所以啊，禿頭的禿鷲，保持原來的樣子就很好了。

鬣狗

動畫中的小嘍囉，其實是狩獵奇兵

我們有時會聽到「跟鬣狗一樣卑鄙」的說法。
但鬣狗，就只能是鬣狗。
說到鬣狗，一般人浮現的印象多半是牠們在撿拾、搜找獅子吃剩的動物腐肉。
在以動物為主角的動畫中，鬣狗一定是反派擔當，而且還不是頭頭，小嘍囉的角色更適合牠，這就是鬣狗。

為什麼神要創造鬣狗這種不討喜的生物呢？

誰說鬣狗只會撿腐肉吃？牠們的獵物幾乎都是自己捕獲的，其中最具代表性的斑點鬣狗，就是草原上的掠食高手。

被稱為「萬獸之王」的獅子，狩獵的成功率大約只有二十％，斑點鬣狗的成功率則高達七十％，是獅子的三倍以上。

獅子都是由母獅進行集團狩獵，牠們會先悄無聲息地靠近獵物，趁著對方毫無防備，再瞬間撲上去襲擊，所以一旦被獵物發現，狩獵就會失敗。

另一方面，斑點鬣狗則是由身為首領的母鬣狗[1]，帶著訓練有素的狩獵群四處追捕獵物。斑點鬣狗能以六十五公里的時速奔跑，還具備超強的耐力，會緊追著獵物不放，直到落單的草食動物被成功獵捕。

而獵捕失敗的獅子，經常會威嚇斑點鬣狗，搶走牠們的獵物。由此可知，就連獅子也嫉妒斑點鬣狗高超的獵捕技巧。

獅子和斑點鬣狗是互相搶奪獵物的對手，所以斑點鬣狗有時會在爭戰中被獅子

殺害。另一方面，雖然以個體來說，獅子要更強大，但斑點鬣狗卻能群體作戰，因此牠們有時也會殺死獅子。也有理論認為，獅子會群聚生活，原因之一就是懼怕斑點鬣狗的攻擊。

當然，鬣狗偶爾也會食用腐肉。在大型肉食動物中，只有鬣狗家族能吃腐肉，牠們具備強而

1 斑點鬣狗的族群為母系社會，由體型較大的雌性統御雄性。

有力的下顎，可以輕易咬碎動物的骨頭，還有著吃下腐肉也無妨的強悍消化器官。

先前介紹禿鷲時曾經提過，吃腐肉的生物稱為食腐動物，又叫做「大地的清道夫」。多虧有這些清道夫，動物的屍體才能快速回歸大地，牠們是讓非洲草原保持美麗的大功臣。

所以啊，不討喜的鬣狗，保持原來的樣子就很好了。

狼

重視家庭、為育兒煩惱的溫柔父母

在童話世界裡，狼經常是大反派。

不管是「三隻小豬」或「大野狼與七隻小羊」，狼都扮演壞人的角色，最後總是被擊敗、驅趕。

狼不但可怕、而且狡猾，總之就是大壞蛋。

為什麼神要創造狼這種大反派的生物呢？

其實，狼是很溫柔的動物。牠們非常重視家庭，經常為孩子的問題而煩惱。

在動物文學名著《西頓動物記》（*Wild Animals I Have Known*）中，第一篇作品說的就是「狼王羅伯」[2]的故事。

狼王羅伯拚死冒險要救出困在陷阱中的心愛妻子，最後讓自己也丟了性命。狼經常會被塑造成兇惡的壞蛋，但其實牠們就像作家西頓所描寫的，是非常愛護家族的動物。

狼是一夫一妻制，以父親為

中心，再加上母親、孩子一起組成族群。由於狼獵食的都是較大型的動物，互助合作會更有利，因此牠們狩獵時都是全族出動，也是由全族共同養育下一代。

幼狼的母親在巢穴中產子，其他家族成員則負責狩獵，將食物帶回來給母狼。之後當幼狼長大，狼族就會離開巢穴，移居到較高的地方。大人們會將孩子安置在這裡，然後外出狩獵，這時已經長大的兄弟姊妹則輪流留下來照顧幼狼，整個家族一起育兒。

藉著和兄弟姊妹玩耍的機會，幼狼可以學到很多事。在一邊打鬧一邊玩耍中，幼狼們逐漸理解狼群社會的規則，同時習得狩獵等生存所需的技巧。

2《西頓動物記》是由加拿大作家、博物學家厄尼斯特・湯普森・西頓（Ernest Thompson Seton）所著，他一生為動物作傳，有「動物文學之父」的美稱，「狼王羅伯」描述的是他曾在科倫坡受託追捕灰狼羅伯的故事。羅伯帶領狼群攻擊當地牧場家畜而造成危害，卻總能逃過獵捕，西頓於是改朝羅伯的妻子下手，並以牠為餌成功誘捕了羅伯。最後羅伯在喪失生存意志的情況下拒絕被餵食而死去，但牠表現的強烈情感深深撼動了西頓，讓他從此不再獵狼，甚至轉而成為動物保育學家。

狼十分愛護孩子，家族之間的感情也非常緊密。

無論人類有多麼討厭或懼怕狼，牠們都是溫柔的動物。

所以啊，被當成壞蛋的狼，保持原來的樣子就很好了。

放屁蟲

刺鼻的臭屁，是高性能的防身武器

在日本，「塵芥蟲」（ゴミムシ；讀音為gomimushi）是大多數步行蟲科昆蟲的統稱。「ゴミ」在日文中是「垃圾」的意思，所以塵芥蟲也被叫做「垃圾蟲」，由於牠們經常群聚在垃圾場裡，才被取了這個不好聽的名字。其中還有一些被稱為「放屁蟲」的種類，顧名思義，這是因為牠們經常放臭屁。

實際上，放屁蟲就是愛放臭屁，會被這麼叫也是沒辦法的事。

為什麼神要創造放屁蟲這種被鄙棄的生物呢？

塵芥蟲雖然在垃圾場聚集，卻不以垃圾為食，牠們吃的是來吃垃圾的昆蟲，屬於肉食性。肉食性的塵芥蟲也會吃掉害蟲，所以歐洲人會特地在農田中央設置供牠們棲息的綠地，用以驅治害蟲。這種綠地叫做「草畦」（beetle bank），英文直譯過來的意思就是「甲蟲庫」。

塵芥蟲是對人類有用的益蟲。

塵芥蟲之中有很多不會飛的種類。為了保護自己，牠們的前翅演化成堅硬的翅鞘，後翅則完全退化，相對地，牠們也因此獲得了快速奔跑的能力。

前面的章節曾提過，大多數的昆蟲都會飛，但飛行需要能量，所以只要放棄飛行，就可以利用這些能量留下更多的卵。

到底要擁有飛行移動的能力，還是放棄飛行留下更多的卵才好，昆蟲在成功演化的道路上，總要面臨這樣的兩難困境。大多數昆蟲選擇了飛行移動的能力，塵芥蟲則選擇了不飛，而選擇放棄飛行，需要很大的勇氣。

在塵芥蟲之中，也有一些種類為了自保會噴射出刺激性的惡臭液體，日本境內最厲害的要屬三井寺步行蟲。一旦面臨被捕獲的危機，牠們就會噗的一聲，從尾部發出巨響，噴射有毒氣體，這個現象看似放屁，所以這類昆蟲又被叫做「放屁蟲」（bombardier beetle；台灣常見的類似昆蟲則是黃尾放屁蟲）。

當然，三井寺步行蟲放的不是普通的屁，牠們所噴出的有毒氣體，是最佳的防身武器。三井寺步行蟲放出的毒氣滿是惡臭，溫度還高達攝氏一百度，威力強大到足以灼傷鳥類或青蛙等天敵。

這隻小小的昆蟲，是如何在體內蓄積這麼危險的有毒氣體呢？

三井寺步行蟲體內會各別製造對苯二酚和過氧化氫這兩種物質，它們都不是危險物質，對苯二酚能讓蛻皮後的外皮硬化，過氧化氫則是用於細胞體的防禦反應。

不過，當三井寺步行蟲遇到危險時，就會將體內的這兩種物質混合，然後再分

泌酵素，使其產生急速的化學反應，製造出苯醌這種高溫毒氣，朝著敵人噴射。毒氣的噴射口並非肛門，所以這絕不是屁。除此之外，三井寺步行蟲還可以改變噴射的方向，將毒氣直接對準敵人，甚至連續發射，堪稱是性能高超的武器。

令人驚訝的是，混合這兩種物質以產生化學反應，進而噴射高溫毒氣的運作機制，和火箭引擎的發射機制完全相同。

三井寺步行蟲是怎麼學會如此複雜的方法？

牠們又是如何發現這項化學反應的？

根據現代的演化論，生物是透過反覆的基因突變，受到適者生存的物競天擇，一點一點地演化。但這種緩慢、漸進的演化過程，足以發展出複雜的機制，讓毒氣成為高性能武器嗎？三井寺步行蟲的武器完成度之高，已經無法只靠現代的演化論做出令人滿意的解釋。

但是，想怎麼用演化論解釋，是人類自己的事，對放屁蟲的生活毫無影響。

所以啊，就算放屁蟲被取了這種過分的名字，保持原來的樣子就很好了。

糞金龜

換個視角觀察，就能擺脫偏頗的成見

在動物排泄出來的糞便旁，經常聚集著許多昆蟲。糞金龜就是聚集在糞便旁的昆蟲，最具代表性的則是神聖糞金龜。糞是所謂的「大便」，是骯髒的東西，糞金龜卻偏偏以糞便為食。

為什麼神要創造糞金龜這種骯髒的生物呢？

以著作《昆蟲記》聞名的博物學家法布爾（Jean-Henri Casimir Fabre），最著迷的昆蟲就是神聖糞金龜。牠們會將動物的糞便塑形成球狀，再倒立著用後腳推動糞

球，所以也叫做「推糞金龜」。

神聖糞金龜難免讓人有不潔的感受，但出乎意料的是，在古埃及文明中，牠們卻是神聖的存在，被稱為「聖甲蟲」。

聖甲蟲將動物糞便製作成糞球，再費力地滾動、運送，這樣的姿態讓人聯想起由東到西引領太陽運行的神明。從聖甲蟲製造的糞球中，又會誕生出新的聖甲蟲，所以聖甲蟲也是創造生命的存在。

從「糞」這種排泄物，進而聯想到太陽神和創造神，只能說古埃及人擁有很了不起的觀察視角。他們能擺脫「污穢」的偏頗成見，認真、仔細地去觀察聖甲蟲。

實際上，聖甲蟲會在牠們帶回巢穴的糞球中產卵，孵化的幼蟲則以糞為食，長為成蟲後就從糞球中鑽出來。從糞球中誕生的聖甲蟲，無需教導就會自己去找尋糞便、製作糞球，再用後腳滾動。昆蟲一向靠本能生存，而光是憑藉本能，就能進行如此高難度的作業。

可惜日本沒有聖甲蟲，但也還有很多種類的糞金龜，其中最引人注目的就是雪隱金龜。雪隱金龜會呈現耀眼的金屬光澤，反射光線時閃閃發亮的模樣，有如寶石般美麗。

寶石般的昆蟲渾身卻沾滿糞便，感覺似乎很不相襯。

但是，那又怎樣呢？

說到底，誰又能決定什麼是「潔淨」、什麼是「污穢」？只有愚鈍的人類大腦，才喜歡隨意為人事物貼上「潔淨」或「污穢」的標籤。糞便是動物體內排出的有機物，雪隱金龜的身體也是有機物，兩者沒有什麼不同。對雪隱金龜來說，糞便就只是食物。雪隱金龜應該不覺得自己美麗，也不認為糞便骯髒吧！

雪隱金龜沒有多餘的智能去思考，只是憑藉本能自我地活著。

所以啊，就算糞金龜被認為是污穢的生物，保持原來的樣子就很好了。

蒼蠅

少了兩片翅膀，反而飛得更隨心所欲

「吵鬧」的日文是「うるさい」（讀音為 wurusai），漢字則寫作「五月蠅い」。

蒼蠅是吵鬧的生物。

據說，「五月蠅い」是日本文豪夏目漱石所配的借字[3]，簡直是神來之筆。而早在古代，日本似乎就已經把吵雜的狀況說成是「五月蠅なす」（さばえなす；讀音為 sabaenasu，意指就像五月蠅一樣吵鬧）。

總之，蒼蠅就是很吵鬧，無論怎麼揮趕，就是盤桓不去。要是沒有蒼蠅，生活不曉得會有多平靜。

為什麼神要創造蒼蠅這種煩人的生物呢？

蒼蠅飛行時的嗡嗡聲很吵。事實上，牠們每秒鐘拍打翅膀的速度可達二百次，所以會發出「嗡——」的高頻噪音。

一般來說，昆蟲都有四片翅膀，蒼蠅卻只有兩片。四片翅膀比較穩定，但會對高速振翅造成阻礙，為了讓翅膀動得更快，蒼蠅選擇讓後面的兩片翅膀退化，如此一來就有可能高速振動翅膀，在飛行時更為靈活。

除此之外，退化的後翅則有如陀螺儀，可以穩定方向，讓蒼蠅在空中翻觔斗、急轉彎，自由自在地表演花式飛行。

3在日文中，「借字」的方法之一是無視個別漢字的讀音，單純從整體語意的方向，借用漢字來取代原本的平假名單詞。此處的「五月蠅い」，即是源自於夏目漱石在小說中將「うるさい」（吵鬧）改用「五月蠅い」來書寫，因而廣為流傳。這是因為五月正值濕熱的梅雨季，蒼蠅成群鳴響的噪音尤其讓人們反感，便以「五月蠅い」來形容嘈雜而煩擾的人事物。

蒼蠅發展出了專屬於自己，獨特而高超的飛行能力。

還不只是如此。

蒼蠅也能在牆壁和天花板停留，甚至連光滑的窗戶玻璃都照停不誤，彷彿根本就感受不到重力。

蒼蠅是怎麼讓自己停留在垂直的牆壁及天花板上呢？

蒼蠅的腳上長著許多細毛，這些毛會分泌出黏性極強的液體，讓細毛變得像吸盤一樣，可以支撐住蒼蠅的身體。

此外，蒼蠅的腳還兼負著另一項重要的功能。

莫要打哪！蒼蠅在搓著牠的手、搓著牠的腳。

如同詩人小林一茶所吟唱的這首俳句，當我們要拍打蒼蠅時，確實會看到牠們就像在求饒般，拚命搓著手腳。

蒼蠅腳上的細毛也是味覺感受器，當牠們停留在食物上，就會用腳確認味道，判斷是否為食物，這是非常先進的探測器。而蒼蠅搓弄手腳，是為了不讓味覺感受器變得遲鈍，所以要進行日常保養。

蒼蠅既有高超的飛行技術，又具備靈敏的探測器。

所以啊，被嫌吵鬧的蒼蠅，保持原來的樣子就很好了。

蟑螂

要活過三億年，臉皮恐怕還是得厚一點

大家都討厭蟑螂。

只要發現蟑螂的蹤跡，所有人都會尖叫，然後捲起報紙把牠們拍扁。

蟑螂既不會主動加害人類，也沒有毒性，但大家還是討厭蟑螂，絕大部分的人應該都希望蟑螂可以從世界上消失。

即使到了今日，人類仍繼續捲起報紙把蟑螂拍死，蟑螂和人類根本無法共存。

為什麼神要創造蟑螂這種惹人嫌的生物呢？

眾所周知，蟑螂自三億年前的古生代便存在於地球，外形至今幾乎毫無改變。被稱為智人的人類是到了約二十萬年前才出現，所以人類存在於地球的時間還不及蟑螂的千分之一，蟑螂可以說是人類的大前輩。

三億年前真的很久遠，那時連恐龍都還沒出現。自此以後，地球歷經了多次重大的環境變化，每次都會出現生物幾乎死光的「大滅絕」事件。

根據推測，蟑螂是誕生於古生代的石炭紀（約三億五千萬～二億九千九百萬年前）。就像第2章提過的，在石炭紀之後的二疊紀（約二億九千九百萬～二億五千一百萬年前），地球發生了空前劇烈的火山活動，導致大規模的氣候變遷，進而引發有史以來最嚴重的生物大滅絕。當時地球上有超過九十％的生物都死亡了，結果非常慘烈。

原本稱霸古生代海洋的三葉蟲，據說在這次大滅絕中全部死去，而存活下來的恐龍祖先，之後便開始活躍。

繼古生代而起的中生代三疊紀（約二億五千一百九十萬～二億零一百三十萬年前），也曾發生過大滅絕。絕大部分的爬蟲類據說是在此時滅亡，而倖存的恐龍則在第二次大滅絕中取代了爬蟲類，從此興盛繁衍。

之後，成為地球霸主的恐龍，也在白堊紀末期（約一億四千五百萬～六千六百萬年前）全數滅絕，原因據稱是小行星撞擊地球。

就像這樣，地球反覆出現大規模的生物滅絕事件，全新的各種生物則在其中完成了演化。而蟑螂熬過了所有大滅絕，「自三億年前就存在」所代表的意義一點也不簡單，真的很厲害。

這就是在人類家中神出鬼沒的蟑螂。

蟑螂的能力很優異，如果牠們的塊頭和人類一樣大，會發生什麼事呢？

牠們的奔跑速度將高達時速三百公里，加上有絕佳的爆發力，〇・五秒內就會

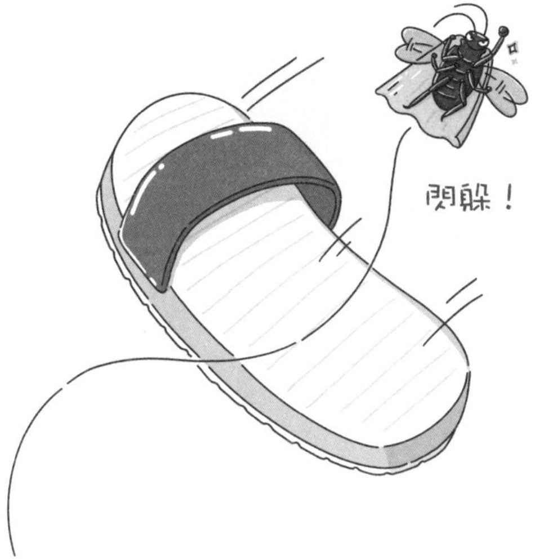

察覺到危險，在最後一刻迅即甩開敵人。蟑螂還能跟忍者一樣，無聲無息地鑽進狹小的縫隙，像蜘蛛人般爬上牆壁和天花板，牠甚至還會飛，擁有號稱「不死之身」的軀體。

簡直就是無敵的超級英雄。

就算拿起拖鞋要打牠，蟑螂也會早一步察覺而瞬間逃走。這是因為蟑螂的尾端會伸展出一種滿覆無數細毛、叫做「尾葉」的感覺器官，而尾葉上的毛可以讓牠感受到最細微的氣流變化。

昆蟲的身體和人類不同，人類是透過單一的大腦處理資訊，昆蟲則是有數個小型腦及神經中樞（神經節）散布於體節，使身體的各部位形成條件反射，在遭逢危險時可以瞬間反應、快速行動。

就算頭部整個被拖鞋拍爛，蟑螂依然可以拖著殘存的身體逃走，會有這種詭異的狀況，就是因為蟑螂號令身體活動的神經節分散於體內各處。或許正是憑藉著這種能力，蟑螂才得以隨時察覺險況、克服危機，成功熬過多次的大滅絕時期。

話雖如此，蟑螂也並非自古以來都毫無改變。原本棲息在森林中的牠們，自從人類誕生後，就遷徙到人類的住居；在新石器時代和繩紋時代[4]，蟑螂似乎就已經和人類共同生活了。蟑螂的模樣據說幾乎沒變，卻巧妙適應著時代的變遷。

蟑螂和腔棘魚一樣都是「活化石」。我們身邊其實有很多活化石，例如白蟻、蠹魚[5]等，也是打從古生代起就沒改變過模樣。白蟻會啃食柱子而被討厭，蠹魚也會吃紙和書本，這些「活化石」對人類來說都是害蟲。不過，為了能活過三億年，臉皮恐怕還是得厚一點啊。

如今，已有言論憂心忡忡地指出，人類所造成的環境破壞，會在地球上再度引發大滅絕，甚至連人類自己都會滅絕。即便如此，蟑螂應該也毫不在意，就算人類從地球上消失了，牠們還是會存活下來吧！

所以啊，不管蟑螂再怎麼被嫌棄、追打，保持原來的樣子就很好了。

4 繩紋時代是指日本舊石器時代末期至新石器時代，這個時期以繩紋陶器的逐步使用為主要特徵，約為一萬五千年～三千年前。

5 又稱「衣魚」、「書蟲」，是有著銀色鱗片及觸角的長形昆蟲，喜歡棲息在陰暗暖濕處，以糖類、蛋白質和紙類、衣物、膠水等為食，常會現身於書本中、床底下、衣櫃內等處。

雜草

所謂的「雜」，代表的就是「多樣性」

除草真是很辛苦的工作。

剛除完沒多久，雜草又長出來了；再怎麼拔啊拔，還是一直長出來。

這就是雜草。一不小心偷懶了，立刻會雜草叢生；最後只能不停地除草，雜草真是令人困擾。

為什麼神要創造雜草這種難搞的生物呢？

不管是路邊、田地或公園，到處都能看到雜草。

但是，請大家仔細想想，雜草所生長的路邊、田地或公園，全都是不適合植物生長的特殊場所。絕大多數的植物都無法在這種嚴苛的環境下生存，想要在這些地方生長，就必須具備特殊的性質。

所有被叫做「雜草」的植物，都擁有這種特殊的性質。雜草為了適應特殊的環境，完成了特殊的演化，變成一種特殊的植物。

不是所有植物都能變成雜草；就算是雜草，也不是在任何地方都能生長。

在雜草之中，每個種類都會生長在最適合自己的特定場域。

舉例來說，路邊這種常被踩踏的地方，會演化出能忍受踩踏的雜草；田地這種常要翻土的地方，就生長著被犁過也能存活的雜草；公園這種常得割草的地方，則存在著被割除後依然興盛繁衍的雜草。

雜草並不是在任何地方都能生長。

無論是哪種雜草，都好好生長在能發揮自我優勢的場所。

雖然統稱為「雜草」，但這樣的植物其實有各式各樣的種類，也有各式各樣的個性，都在努力發揮各自的特質。

話說回來，「雜草」又代表著什麼意思呢？

以「雜」開頭的名詞，例如雜誌、雜學或雜貨等，都沒有「負面」的含意；真要說有什麼，大概就是給人「很多」的印象吧。中國雜技團表演的也不是糟糕的特技，而是「五花八門」的特技。

「雜草」這個名詞，指的也不是「害草」，而是「很多的草」。就像雜木林或雜魚，「雜」代表著「多樣性」的意思。

許多的草發揮著各自的個性努力生長，這就是雜草。

所以啊，總是被拔掉的雜草，保持原來的樣子就很好了。

第 5 章

果然，還是
保持原來的樣子
就很好了

每一種生物都活得很有「個性」

生物們的生存方式其實很有個性。

自然界中存在著各種生物，每種生物都生活在對自己來說占有優勢的地方。

比方說，腳速快的生物，通常生活在方便奔跑的寬闊地區；

很會爬樹的生物棲息在樹上，精通游泳的生物以海洋或河川為住居；

擅長隱身的生物，則會在躲藏處很多的地方活動，像是岩石背面或下方。

對生物來說，最重要的就是「在占有優勢的地方競爭」。

在海中悠游自在的海豚，一旦被海浪打到岸上便動彈不得，如果牠們因此煩惱自己「為什麼不能像狗跑得那麼快？」、「為什麼不能像鳥那樣飛翔？」，只會覺得苦悶又難過。對海豚來說，重要的不是努力讓自己跑得快，也不是練習像鳥那樣飛翔，而是迅速找到有水的地方，然後盡快潛入水中。

像海豚一樣，找到適合自己的環境

「不在居於弱勢的地方競爭」、「在占有優勢的地方決戰」，是生物的基本求生戰略。

這項生存戰略給了我很大的啟發。當我們無法發揮能力，或許不是不夠努力，而是所處的環境不對、不適合。

話雖如此，也不能把一切都推給環境。但如果真是環境的問題，那要到什麼樣的地方，才可以發揮自己的能力，才要不惜一切付出努力呢？

只能不停地尋找了。

要是找不到，只能努力學習更多東西。

即便以為已經找到了，說不定還有其他地方更適合自己。

所以還要繼續尋找。

當然，雖說是環境，並不代表就一定得搬家或轉校之類的。

確實，有時候搬家或轉校也許更好，但人類社會一直在創造各式各樣的環境，或者，我們也可以自己創造環境。

我們有能力創造出適合自己的環境。

不同的生物，就有不同的生存戰略

「不在居於弱勢的地方競爭」、「在占有優勢的地方決戰」——這項生物的基本戰略，對我們的生存之道十分具有參考價值。

不過，需要注意的是，這項戰略會因為生物的種類而有所不同。

比方說，所有的海豚都擅長「在海中高速游泳」。沒有一隻海豚會宣稱自己不擅長游泳，要用其他的技能來競爭。

陸地上跑得最快的動物是獵豹，牠可以跑出一百公里以上的時速。當然，每隻獵豹的腳速會有個體差異，但沒有一隻獵豹不擅長奔跑。

而在人類之中，有人擅長游泳，有人不擅長；有人沒練習也跑得很快，有人則不管怎麼練習，還是跑得很慢。

這是為什麼呢？為何只有人類的能力會出現差異？

●「個性」與「差異」是麻煩的東西

人類的能力會出現差異，這或許就可以稱之為「個性」吧！

人類擁有個性。

個性說起來好聽，但能力上出現差異，就代表產生了好壞。所以，有頭腦聰明和不聰明的人，也有運動神經好與不好的人，偶爾還會有容貌上的優劣之分。

擁有個性，就是有所「差異」，而且有時候，只靠努力也改變不了個性。即使努力了，外表還是比不過別人；即使努力了，能力依舊贏不過對方；即使努力了，仍然難以喜歡自己的個性。

世上的人都在追求平等，卻還是無法擺脫個性的差異。

為什麼神不創造一個更平等的世界呢？

為什麼神要創造「個性」這樣的東西？

為什麼我們會有個性呢？

●「哪一個優秀」是誰也無法確定的事

有一種雜草叫做「蒼耳」。

它的果實布滿鉤刺，常會黏在衣服上，所以也被叫做「羊帶來」；有人說不定還玩過把蒼耳子當暗器互丟的遊戲，或是把它黏在衣服上當成裝飾。

帶著鉤刺的蒼耳子不是種子，而是果實，當中有著種子。

蒼耳子裡面有兩個種子，各有不同的性格。一個性格很急，立刻就會發芽；另一個則悠悠哉哉，遲遲不發芽。

急驚風的種子和慢半拍的種子，哪一個更優秀呢？

早發芽似乎更有利，事實卻不一定如此。

即便急著發芽，也無法確定當下是不是適合生長的時機；就算適合，也可能出現問題。畢竟蒼耳是雜草，說不定人類哪天突然心血來潮就把它除掉了，在這種時候，慢一點發芽可能更有利。

早發芽與晚發芽，哪一種比較優秀？這種事誰也不知道。

有時早發芽比較有利，有時晚發芽才會成功。

因此，蒼耳才會預備兩種性格迥異的種子。

不知道答案，就準備好更多選項

當人類面臨必須做出判斷的狀況時，就會想要互相比較、分出優劣，希望知道哪一個選擇更好。

但實際上，很多事情就是沒有答案。

明明沒有答案，人類卻總是要裝成有答案，再自顧自地評價「這個好」、「那個不行」，這只是自以為是而已。

其實，根本沒有答案。

人類完全不知道什麼才是優秀。

沒有答案的話，那該怎麼辦呢？

很簡單，可以比照蒼耳的例子，兩邊都做好準備。

既然不知道答案，那就準備好更多的選項。

這就是生物的戰略。

生物備妥多個選項的這種狀況，就叫做「遺傳多樣性」。

●為什麼沒有短鼻子的大象？

不過，還是有件不可思議的事。自然界的生物都具備「遺傳多樣性」，但也還是有很多「大家都一樣」的生物。

雖然多少有個體上的差異，但大象是長鼻子，就不會有短鼻子的個性；長頸鹿也一樣，都沒有短脖子。又比如獵豹，明明人類的腳速有快有慢，但所有的獵豹都跑得很快。

為什麼沒有跑得慢的獵豹呢？

這是因為對獵豹來說，跑得快就是正確答案。有了正確答案，生物就會朝著這個答案演化。

獵豹必須追捕獵物，要跑得快才會有利，所以對牠們來說，「跑得快比跑得慢好」就是正確答案。因此，牠們在腳速上不會有個性的差異。

大象的長鼻子是正確答案，長頸鹿的長脖子也是正確答案。有了正確答案後，就不需要個性了。

那麼，要是沒有答案呢？這樣就不知道什麼是正確答案、什麼才最有利，於是生物就會準備很多答案，發展出「很多的個性」，這也就是「遺傳多樣性」。

●個性既然存在，就必定有意義

人類也是一樣。

人類的眼睛數量是兩隻，這部分沒有個性。有了正確答案，就不需要個性。

但是，人類的能力卻充滿個性，臉孔和性格也是。

生物不會創造不需要的個性，個性既然存在，就必定有意義。

在人類當中，有人跑得快、有人跑得慢，這是因為就人類的腳速來說，並沒有正確答案。跑得快看似更有利，事實卻不一定如此。

生物能力的發展存在著「權衡」（trade-off）[1]機制，當某一部分更好，為了平衡起見，另一部分就會被犧牲。舉例來說，腳要是越長，步伐會越大、跑得更快，但也可能因此重心變高而身體不穩，於是容易摔倒。又比如，個子越高看得越遠，更容易發現天敵，但如果要躲藏在草叢暗處時，還是矮一點比較好。

這邊高起來，那邊就會低下去。

如果不知道哪邊比較好，就兩邊都做好準備。

1 「權衡」意指生物在資源有限的情況下，會針對繁殖後代、個體成長和維持生命等進行實際的取捨分配。投入到某項功能或個性的分量較多，另一項功能獲得的自然就較少。

這就是生物的戰略。

人類之所以有的跑得快、有的跑得慢，是因為腳速快慢沒有重要到攸關性命。跑得快當然很棒，但人類也有其他能力可以彌補跑得慢的問題。或許對人類來說，不要像獵豹那樣捨棄其他能力，只為了讓所有個體都跑得快，會是更好的選擇，於是人類便朝著這個方向演化了。

然而，還不只是如此。人類也有人類特殊的故事。

● 互助合作是人類的生存優勢

做為生物，人類的優勢是什麼呢？

那就是——「弱小卻懂得互助合作」。

在古代遺跡中，似乎曾發現牙齒掉光的老年人和腳部受傷者的骨骸，這代表當時的人類會照顧無法參加狩獵的高齡者和傷病者，這確實頗令人訝異。

相較於其他生物，人類這種生物既缺乏力量，雙腳又瘦弱跑不快，於是才藉由發展智慧、匯聚知識，幫助彼此存活下來。

想要運用智慧互助合作，經驗就變得很重要。經歷豐富的高齡者和體驗過危險的傷病者，他們的智慧可以成為人類生存的參考借鏡。不一樣的人越多，就能提供形形色色的意見，也能催生出各式各樣的創意。

人類就是這樣不斷地腦力激盪，累積並傳承了更多智慧，然後發展至今。

自然界的鐵則，是優勝劣敗、適者生存。因為「什麼才是優秀」並沒有正確答案，生物便創造了具備多樣性的群體，但在這其中，年老及生病、受傷的個體往往難以倖存。

然而，在人類的世界，年老及生病、受傷的個體卻一直被視為「多樣性」的一員，這就是人類的優勢。

人類的世界存在著「不能欺負弱小、不能傷害彼此」等等與生物界截然不同的法律、道德及正義感。遺憾的是，回顧過去的歷史，人類相互殘殺的戰爭和弱者遭到凌虐的暴行仍舊不斷重演。

但即便如此，我們依然打從心底相信，這麼做是倒行逆施，互愛互助才是人類原本的樣貌。這絕非只是因為人類滿懷慈愛，也是我們在漫長歷史中一點一點培育起來的能力。如果不這麼做，人類根本無法在自然界中存活。

有時候覺得糟糕透頂，有時候又覺得很不錯。

即使絕望得快撐不下去了，還是無法放棄追尋理想。

所以人類啊，還是保持原來的樣子就很好了。

第 6 章

你也一樣，
保持原來的樣子
就很好了

●大腦很喜歡「劃分」和「區別」

準備了很多選項的「多樣性」，是生物在自然界所秉持的生存戰略。

我們人類知道多樣性的重要，也十分重視個性。

不過，問題來了。

人類的大腦有其承受的限度，所以會透過盡可能單純化的方式，來理解自然界發生的複雜狀況。也就是說，人類的大腦其實不擅長處理複雜的事物。

就如第3章提過的，這樣的人類大腦最喜歡劃分界線、做出區別。

比方說，彩虹的色彩是從紫到紅的漸層變化，但人類就是覺得這樣不舒服，一定要在中間畫出界線，將彩虹區別成七種顏色，才會更好辨認，也更容易用繪畫呈現。劃分界線、做出區別之後，大腦才更方便因應。

就連沒有邊界的大地，人類也要劃分成自己的土地和不屬於自己的土地，設定市鎮村、都道府縣，以及國與國之間的邊界線。比起「我是來自地球的地球人」，「我是日本人，你是美國人」、「我住在東京，來大阪旅行」的說法會更好懂；有了這樣的區別，對人類來說會更容易了解和處理。

「區別」，是人類為了讓大腦理解所創造出來的機制。

據說人類是從猿猴演化而來，但並非是猿猴媽媽哪天就突然生下了人類寶寶，人類與猿猴之間並沒有分界。所有的生命都有個「最近的共同祖先」，也就是叫做「露卡」（LUCA）[1]的最初生命體，若是如此，所有的生物原本就沒有分界，動物與植物之間也沒有任何分界。

事實上，一切都沒有分界。

然而，人類的大腦不能接受「動物和植物是相同的」這件事。「去生物園看生

1 回溯生物的演化史，包含人類、動物、昆蟲及植物在內的所有生物，可能都是由共同的祖先演化而來；而這個「最近共同祖先」則是被稱為「露卡」（LUCA; Last Universal Common Ancestor）的單細胞微生物。

物，回到家給生物澆水，然後吃了生物」，這對大腦來說很難懂，所以要將生物區別成「去動物園看長頸鹿，回到家給植物澆水，然後吃了魚」。劃分界線、做出區別，人類的大腦才終於能好好了解，並且有效因應。

人類想用「標準」和「數字」理解萬物

人類的大腦還喜歡一件事，那就是先前說過的——「比較」。

其實，動物也會比較。猴子會比較兩顆水果，然後選擇大的那一顆來吃；牠們也會比較兩根樹枝，選擇跳到更近的那一根。

但是，水果需要把兩顆並排放在一起才能比較，樹枝的數量要是變多，也會難以判斷遠近。於是，人類為了方便比較，發明了很厲害的東西，那就是「標準」和「數字」。

只要有了某種基準，兩個水果即使相距很遠也可以比較；要是再用數字表示，還能比較各種不同水果的大小。

「標準」和「數字」非常方便，人類發明這兩種事物之後，大腦終於有可能理解自然界的一切，也才能發展出文明與文化。

人類已經難以割捨「標準」和「數字」，它們能讓人類理解萬物。

至少，只要有了「標準」和「數字」，人類便會自以為理解了什麼。

● 自然界的生物都想要「不一致」

人類的世界，是透過畫線、區別，再藉由標準和數字比較所構成，我們也因此繁盛、發展了起來。

然而，自然界的生物喜歡「不一致」，如果太過均一化，恐怕會出現全滅的危機。沒有答案的時候，要事先準備許多選項，這是生物的戰略，因此生物會盡可能變得不一致，不會製造出有如機器人的複製品。

蔬菜是植物，所以會長出大蘿蔔和小蘿蔔，也會長出粗蘿蔔和細蘿蔔，當然還有長蘿蔔和短蘿蔔。

但是，這在人類的世界會造成不便，所以人類會去統一蘿蔔的大小。於是，人類製造出相同大小的蘿蔔，再把它們裝進箱子、標上相同的價格，排列在蔬菜賣場內銷售。

生物為了追求多樣性，努力要變得不一致；

人類卻為了追求均一化，努力要統一所有事。

只不過，蔬菜因為有人類的守護，也不太可能全滅就是了。

對於蔬菜，人類所追求的就是「答案」。因此，透過人類的品種改良及栽培技術，蔬菜也變得越來越均一化。

蔬菜們倒是無所謂，然而，還有其他生物必須在人類創造的世界架構裡生活。

其中一種就是人類。

人類也是生物，也想要不一致，同時也有不同的個性。

但是，人類的大腦卻喜歡一致。雖然大腦理智上知道多樣性和個性很重要，實際上還是覺得沒有個性會更好理解。

所以，人類的個性可真是麻煩。

●全都推給遺傳基因就好了？

個性是怎麼誕生的呢？

個性來自遺傳基因，遺傳基因則來自父母。

孩子的睡相往往跟父母相似；明明父母沒有教過，孩子卻出現同樣的舉動；某天突然被告知「去世的爺爺也很喜歡」自己最喜歡的東西，不禁大吃一驚……

原以為是自己獨有的特性，卻發現是繼承自祖先的遺傳基因。

有人為了運動會拚命練習，還是跑最後一名；有人明明沒怎麼練習，卻依舊跑得很快。有人辛苦背誦卻永遠記不住；有人沒怎麼費力就記住了。

這一切都是遺傳基因造就的結果。

我們無法違抗遺傳基因。

糟糕的不是我們，而是祖先遺傳給我們的基因。

反正，全都推給遺傳基因就好。

所以，既然遺傳到跑得慢的基因，就不要反抗了。

既然遺傳到不擅長背誦的基因，那就別勉強了。

全都是遺傳基因的錯。

所謂的學習，就像打開冰箱做料理

那麼，所有的努力不都沒有意義了嗎？

當然不是這樣。

遺傳基因到底是什麼呢？

它就像冰箱裡的內容物。

有人的冰箱裡放著高麗菜，也有人沒放；有人的冰箱裡塞得滿滿的，也有人只放了一點東西。

問題不在冰箱裡的內容物，而是要做什麼料理。

如果要做的是蛋糕或咖哩飯，就算冰箱裡沒有高麗菜也無妨；但要是偏偏想做大阪燒，那就傷腦筋了，因為做大阪燒不能少了高麗菜。不過，這就是想做大阪燒的人的問題了，因為明明就可以做咖哩飯，還有做蛋糕當甜點的啊。

當然，冰箱裡的東西也不是越多越好。如果東西很多，或許能想做什麼就做什麼，但料理需要的食材還是有限，東西太多會讓人難以決定要做什麼料理，也有很多食材會用不到。所以，問題不在於食材的數量。

當冰箱裡只有著固定的東西，就算煩惱似乎也無濟於事，因為再怎麼苦惱、努力，冰箱裡的東西也不會增加。

然而，事情不是這樣的。

實際上，沒有人清楚冰箱裡有些什麼；不打開冰箱、試著去做料理，根本不會知道。

當我們照著食譜備料，才可能發現少了什麼食材；開始做料理了，才會注意到材料不夠。不開始動手做，就不會知道有哪些食材，所以，首先要試著做各式各樣的料理。

這就是我們必須在學校裡學習各種知識、累積許多經驗的原因。

我們之所以要學習各種事物，就是為了探究自己的冰箱裡到底有什麼，明白自己能做什麼、不能做什麼。

學校裡的課程，有的我們很喜歡、有的我們很討厭；有的我們很擅長，一下就學會，有的我們不拿手，努力了很久都學不來。即便如此，不去嘗試就不會知道，所謂的學習，就是探究冰箱內容物的過程。

● 不擅長的科目，就可以直接放棄嗎？

那麼，如果知道自己不擅長學習，可以直接放棄嗎？

畢竟，有人真的就是不擅長學習，發現這一點之後，就可以不用學了嗎？

當然不是這樣。

意識到自己「不擅長學習」是一件好事。

有人喜歡學習，也有人只學了很短的時間，但很快就可以理解。首先最重要的是，如果認為自己不擅長學習，就不要跟喜歡學習的人正面競爭。

遺憾的是，現代有入學考試，必須和喜歡學習的人共同競爭，這是避不開的規則。但我們不必跟喜歡學習的人競爭學習時間的長短，或是羨慕短時間就能取得學習成果的人，只要把學習這件事看成像是運動比賽就好。

運動比賽之所以有趣，就是弱隊不一定會輸，弱隊也有自己的致勝戰略。

而學習不拿手科目的真正理由，並不是為了通過入學考試。

我們要製作料理，才會在冰箱裡塞滿食材，再把它們做成料理呈現到世上。

然而，也有些東西不會放進冰箱，像是糖、鹽或胡椒粉等調味料，說不定一直都放在餐桌上。這些放在冰箱外面的東西，無論在冰箱裡找多久都不會找到。

比方說，課本裡記載的知識，是迄今為止人類透過各種研究和體驗所匯集的成果。而剛出生的嬰兒看不懂文字，也不理解半個英文片語或數學公式，也就是說，課本裡記載的知識都是放在冰箱外面的東西。

做料理時，調味料有著重要的作用。比起只有糖或鹽，醬油和味醂會讓味道更有深度，辛香料則能提升料理的層次；起司粉和魚露或許不常用，但對某些料理來說不可或缺。

當然，收集那麼多調味料，有些也可能用不到。學習也一樣，就算我們學了很多知識，也經常派不上用場。

即便如此，最好還是多多收集調味料。就算無法全數取得，也要知道調味料的種類和所在地；就算手邊沒有起司粉，只要知道桌上有，需要時就可以去找。

學習也是如此，即使當時不明白，說不定哪天就會想去了解。然而，原本就知道桌上有起司粉的人，會比一無所知的人更快找到。

所謂的學習，就是這麼一回事。

● 你的基因只屬於你自己

再怎麼討厭，你都和自己的父母相似；再怎麼怨恨，你的基因也遺傳自你的祖先。那麼，你的基因到底是什麼？

即使和他人有著相似的部分，你的基因還是屬於你自己。在這個地球上誕生的你，擁有這世上獨一無二的個性，絕不會有第二個人與你相同。

比方說，我們每個人都有不同的臉孔，就算被說和父母長得相像，也不會完全一樣。這世上或許有長得極為相似的人，但沒有人的臉孔會一模一樣。

只不過，世界上有數十億人生活著，人類的世代也傳承了幾百萬年，即使找遍全世界，或是追溯人類的歷史，真的都找不到完全相同的兩種個性嗎？

我們的個性是如何形成的？

你會成為你的機率有多少？

我們先粗略地從單純的結構來思考。

人類的特徵，全都取決於基因。據說人類大約有二萬五千個基因，根據這些基因的差異，會創造出各種不同的特徵。

這些基因會聚集起來，形成染色體。人體內含有四十六條染色體，而染色體都是成對出現，所以人類有二十三對染色體。

孩子的每對染色體各有一條繼承自父母，一條來自父親、一條來自母親，最後組成二十三對染色體。

那麼，單單這二十三對染色體的不同組合，能創造出多少的多樣性呢？

先以其中一方的母親為例，第一條染色體會從母親的兩條染色體中選擇一條，第二條染色體也是用同樣的方式二選一，所以第一條染色體與第二條染色體就會有

【二×二】共四種排列組合。

第三條染色體也有兩個選擇，所以累計起來就是【二×二×二】共八種排列組合。以此類推，二十三條染色體則會產生二×二×二×……，也就是二的二十三次方，一共八百三十八萬種排列組合。

也就是說，你所選擇的這種染色體組合，形成的機率是八百三十八萬分之一。

這還只是母親這一方而已。

孩子的每對染色體各有一條繼承自父母，所以父母雙方都要經歷這樣的排列組合，結果就是【八百三十八萬×八百三十八萬】，總數超過七十兆。

也就是說，你的染色體組合產生的機率是七十兆分之一。

現今的世界人口約有八十億，單單只是父母的二十三對染色體所形成的排列組合，就能創造出將近是世界人口一千倍的多樣性。

還不只是如此。在每次從兩條染色體選出一條的過程裡，染色體與染色體之間還會互相交換一部分，這麼一來，就有了無限的排列組合。

此外，在父親與母親的染色體進行排列組合時，DNA也常會發生變異，於是創造出並非來自你父母的基因組合，而是只屬於你的原始基因。

你只要是你，那就很好了

就如同你是誕生自形成機率極低的基因組合，你的父母也是在極低的機率下誕生，是獨特而原創的存在。

當然，你的爺爺和奶奶也是獨一無二的存在，你的祖先也是全然唯一的存在。

這些世界上唯一的存在，透過無數次的排列組合，一次次在遠低於中頭彩的機率下創造了你。這只能說是一個奇蹟。

誕生在這世上的你，不必再為了沒有中獎而悲嘆，因為你自己就已經是中了無數次頭彩的幸運兒。

有一個名詞叫做「稀缺值」（scarcity value），意思是物品數量越稀少，就會變得越貴重、越有價值。

如果是「世界上僅有一個」的東西，價值自然不同凡響。

而你，無庸置疑，是這世上唯一的存在。

不只是這個世界。

就算在廣闊的宇宙某處有外星人，你也是這個宇宙唯一的存在。

你一生下來，就是這個宇宙獨一無二的存在。

不管付出多少努力，你也無法成為自己以外的其他人。

你只會是你自己，也只能做你自己。

這麼一來，你就只會成為自己。

你唯一能做的事，就是琢磨你自己、完成你自己。
這麼一來，又會如何呢？
你做為你自己，就有其價值存在。
這就是你的價值。

所以啊！
不管發生什麼事，
不管別人說什麼，
不管你多麼討厭自己，
你只要是你，那就很好了。

然後，你只要保持原來的樣子就很好了。

結語

因為弱小，人才會堅強地活著

在寫這本書的過程中，我發現了一件事。

那就是，這個世上根本不存在無趣的生物。

會有生物被認為無趣，只是因為覺得無趣的人類自己很無趣。

在三十八億年的歷史中，生物完成了各種演化。現今存在於我們眼前的所有生物，全都位在演化的最前端，這樣的生物不可能無趣。

不過，我只找到一種真正無趣的生物。

那就是「人」。

人既不像獅子那麼強悍，也不像馬跑得那麼快。

人真是無趣的生物。

還不只是如此。人也會互相爭執、彼此憎恨，甚至因此引發了戰爭，而且貪婪又任性，隨意破壞地球的環境。

在其他優秀的生物們眼中，人類才是真正糟糕又無趣的存在吧。

為什麼神要創造人類這麼無趣的生物呢？

大象是長鼻子的動物，牠們完成了鼻子變長的演化。

長頸鹿是長脖子的動物，牠們完成了脖子變長的演化。

那麼，人類呢？

「人類是智能優越的動物。」一直以來，我們人類都這麼想。

然而，事實似乎不是如此。

根據最近的研究，除了我們這種稱為「智人」的人類之外，地球上還存在過許多不同的人類。例如，尼安德塔人與大約四萬年前才出現的智人，就是演化方向完全不同的人類。尼安德塔人的體力比智人更優越，據說智能可能也更高。

但是，尼安德塔人最後卻滅絕了，如今只有我們智人在地球上存活下來。

為什麼我們智人能存活下來呢？

答案是這樣的——「智人是弱小卻懂得互助合作的存在。」

智人是非常弱小的生物，因此總是互相幫助、協力克服困難。為了彼此合作，智人發展出語言，還會相互貢獻智慧以發展工具。於是，智人存活了下來。

無論語言或工具，都不是要拿來攻擊別人，而是用以互助合作。

但是，語言及工具也會變成武器。不知從何時開始，我們忘了自己是弱小而必須互助合作的存在，開始表現出自以為強大的模樣。

於是，我們發起戰爭殺害人類，還破壞環境奪去眾多生物的性命。

明明，我們是弱小的存在。

因為弱小，所以互相幫助。

因為弱小，人才會堅強地活著。

正因為弱小卻懂得互助合作，我們人類才變得那麼了不起。

所以啊，不用再逞強了。

就算弱小，也沒有關係。

想尋求他人的幫助，當然也沒問題。

然後，你只要保持自己原來的樣子，那就很好了。

最後，我要為盡力協助本書出版的吉澤麻衣子小姐獻上感謝。

Finder 04

保持原來的樣子就很好了

每一種生物，都有屬於自己的奇妙與強大。
找到適合的環境、發揮優勢的能力，好好做自己就行！

作　者——稻垣榮洋
譯　者——楊詠婷

內頁插畫——新夭
責任編輯——郭玢玢
美術設計——耶麗米工作室
總編輯——郭玢玢

出　版——仲間出版／遠足文化事業股份有限公司
發　行——遠足文化事業股份有限公司（讀書共和國出版集團）
地　址——231 新北市新店區民權路 108-2 號 9 樓
郵撥帳號——19504465 遠足文化事業股份有限公司
電　話——（02）2218-1417
電子信箱——service@bookrep.com.tw
網　站——www.bookrep.com.tw

法律顧問——華洋法律事務所　蘇文生律師
印　製——通南彩印股份有限公司

定　價——350 元
初版一刷——2024 年 10 月

ISBN　978-626-98186-7-9（平裝）
ISBN　978-626-98186-5-5（EPUB）
ISBN　978-626-98186-6-2（PDF）

NAMAKEMONOWA, NAZE NAMAKERUNOKA？
——IKIMONONO KOSEI TO SHINKA NO FUSHIGI
by Hidehiro Inagaki

保持原來的樣子就很好了：
每一種生物，都有屬於自己的奇妙與強大。
找到適合的環境、發揮優勢的能力，好好做自己就行！

稻垣榮洋著；楊詠婷譯
--初版-- 新北市：仲間出版，遠足文化發行 2024.10
208面；14.8 × 21公分（Finder；4）

ISBN　978-626-98186-7-9（平裝）
1.演化論 2.生物演化 3.通俗作品

362　　113014183